在阅读中疗愈·在疗愈中成长

READING & HEALING & GROWING

扫码关注公众号,后台回复《正念减压》,
即可获得专业音频讲解,实现高效精读!

正念减压

The Mindful Way throught Stress

［英］沙玛什·阿利迪纳（Shamash Alidina） 著

吴玲芝 译

中国青年出版社

谨以此书献给所有因压力而受苦的人。

愿你们在此时此刻，拥有正念生活的喜乐自在。

致　谢

写作是一项莫大的荣幸。您愿意购买此书对我是一份支持。因此，我要衷心地向您表达感谢。

我要感谢麻省理工大学正念中心乔恩·卡巴·金、萨奇·桑托莱利以及他们的同事。本书以他们最初研发的基于正念的减压课程为依据。我特别感谢他们为许许多多的人提供正念减压训练，包括我自己。若没有他们所有人的努力付出，这本书也不可能出现。我也非常感谢英国班戈大学正念研究与践行中心的老师们。除此之外，还有成千上万的研究者不知疲倦地工作让这个课程更有科学依据，我也由衷地感谢他们的付出。

我要感谢我所有的朋友和家人，感谢他们的友善和支持。我特别感谢他们的包容，忍受我那些笨拙的笑话和由于写作而经常的缺席。若没有他们，我也许早就崩溃了！

我要由衷地感谢最了不起的吉尔福德出版社的凯蒂·摩尔和克里斯·本顿。他们有着非常棒的团队合作，本书的诞生他们功不可没，同时也通过许多其他的书籍让正念更加广为人知。我想感谢凯蒂，感谢她对我的信任、引领以及我们在旧金山的愉快会面。感谢克里斯，感谢她的仔细入微、投入无数个小时编辑原稿，还有合理的建议。我将永远感谢你们的智慧与慈悲。

我也知道，为了这本书的出版，吉尔福德出版社还有许多的幕后工作者。我也想表达对你们的感激与感谢，感谢你们为本书顺利出版付出的努力。

最后，我要感谢克里斯多夫·莱因克，感谢他制作书中所有的插图。我无比感激他的慷慨和耐心，完成这么多高品质的插图。谢谢你！

目录

001 前言

第一章
001 正念如何有助于减轻压力

第二章
031 认识正念减压

第三章
045 从课程获得最大学习成效

第四章
061 第一周 你的正确多于错误

第五章
103 第二周 从自动反应到创意回应

第六章
141 第三周 活在当下的喜悦与意义

第七章
177 第四周 认识压力及管理压力

第八章
209 第五周 坚定立场——应对压力

第九章
243 第六周 正念沟通

第十章
281 正念日:深化你的觉知

313 第十一章
第七周 照顾好你自己

345 第十二章
第八周 未来你的人生

375 第十三章
正念伸展及瑜伽

前　言

　　萨拉是一位典型的忙碌的上班族妈妈。第一段婚姻不尽如人意，离婚后，除了那些必须要做的事情之外，她无法面对找其他人。她是一家小酒店的副经理，独自照顾6岁的儿子。她的儿子是一个可爱的小男孩，当然，肯定也不省心。因为他对其他孩子的攻击性行为，学校的老师经常打电话给萨拉。她也不得不照顾母亲，母亲居住地距离她家两个小时车程。如果萨拉没有每周日过去，她就觉得内心充满负罪感。她的父亲去年过世，母亲一直感到特别孤独。萨拉真的没有时间去处理丧父之痛，因此她经常因为悲伤而落泪。

　　但是这些都还只是外在压力。内在的呢，对老板的沮丧感和愤怒感是她要面对的挑战。时常会担心儿子，不知他是否还好，并为此时此刻生活似乎如此艰难而感到难过。

　　萨拉觉得几个月来睡眠都不足，她总是感觉疲惫，生活似乎是一场巨大的挣扎。她找不到这个恶性循环的出口。她尝试做更多运动，但是似乎并没有多大帮助。接着，她开始感觉胃痛。做了一次检查，医生告诉她也许是由于压力的缘故。萨拉很怀疑压力可以导致身体疼痛，她甚至更怀疑医生建议她参加一个正念课程。那怎么可能减轻她正在努力克服的所有问题呢?

可是,她没有其他更好的办法了,于是她决定试一试。刚开始时她觉得课程弊大于利,课程中她根本无法放松。实际上,她只是留意到她的思绪是多么的负面消极,这让她感觉更糟糕。她不得不承认接触不同的人是挺愉快的,于是她决定一次只参加一节课,而且继续"再多参加一次课程"似乎也是可以接受的。她完成正念家庭作业,或者像老师说的"实验",慢慢地她感觉到有些不同了。

萨拉真正的突破是在第三周,当老师引导一个冥想练习时,她意识到胃痛几乎消失了。不仅如此,她觉得人生有一些再次受自己控制的感觉,尽管外在环境并没有发生改变。接下来的那一周,她对出现在脑海中的念头有了更多觉察,它们不再像之前那样抓住她不放了,她的睡眠得到改善,在接下来几周她还学习到了处理负面情绪的方法。在课程结束时,她觉得自己不仅学习到一系列技巧,更是一种生活方式——正念生活,从某种程度而言,它似乎是拯救了生命。

本书适合你吗?

萨拉的故事并不是凭空虚构的。全世界有成千上万的人从正念修习中得到了这样的利益。来自几百家大学堆积如山的科学研究,包括负有盛名的美国麻省理工医学院和英国牛津大学，都表明正念不仅能够减轻压力，而且能慢慢地培养一种内在力量，这样让未来出现的压力源对我们的幸福和身体健康产生更小的影响。

通过阅读本书及完成练习，你将学习到一种历史悠久，却又对我们现代社会带来甚深利益的方法，甚至大脑扫描也发现，仅仅通过完成八周常规练习，即本书中的这个课程，大脑也能产生积极的改变。你同样可以学习到萨拉所学到的课程，如此你可以在面对压力时，用更好的韧性去探索生命中的可能性。这趟旅程并非一帆顺风，但是我将竭尽所能地鼓励你继续走下去。

首先，压力是你正想要努力解决的问题吗？

你有像下面这样想过吗？

- 不断地担心
- 预想最坏结果
- 停不下来的思绪
- 负面想法

你有过下面任何一种感受吗？

- 情绪低落
- 匮乏感
- 焦虑
- 沮丧

- 惊恐

你有下面任何一种身体症状吗?
- 头痛
- 胃痛或肠道问题
- 冒冷汗
- 感觉头晕
- 气喘吁吁
- 夫妻生活障碍

你做过下面的任何一种行为吗?
- 健忘或笨手笨脚
- 不擅交际
- 吃太多或比平日更少
- 总是忙碌
- 抽烟量或饮酒量增加
- 勃然大怒

所有的这些都是压力过大的症状,是你的想法、情绪、身体健康和行为受到影响的一种表现。然而,你的症状也许有医学理由,因此要小心。压力会悄悄地积压,最终压垮你,到那个临界点时你觉得每天都像一场拉锯战。也许你直觉知道有两种可以释放压力的方式：消除生活中的压力源，或减轻压力对你产生的影响。本书可以从这两方面帮助到你，帮助你以一种新的方式生活，如萨拉所学习到的一样，它被称为正念生活。

正念可以通过培养一种全新的意识觉知帮助你减轻压力：

- 引发压力应激反应的想法
- 你或他人触发冲突的情绪
- 身体处于压力之中的身体信号
- 有可能增强压力的行为，同样这些行为也可以帮助你放松

压力反应很复杂，而正念的效果极其微妙、强大。在第一章中，我会更加详细地解释为什么正念有助于控制生活中的压力。本书充分利用了这些优点，从一个自助的角度介绍正念减压课程。这个八周正念减压课程源自1979年，最初的形式是一群人在一位正念老师带领下进行，现在已经有成千上万的人参加过这个课程。正念减压课程是世界上得到最多科学研究的正念课程。如果压力是你的一个问题，那么从这里开始是非常有意义的。

本课程的目的是教你一系列各种不同的正念练习和冥想方法，能帮助你长期地减轻压力。这个课程也给你一个机会认识正念的态度和价值，这样，你可以以一种能够减轻而不是增加压力的方式面对未来的人生挑战。最后，正念减压

教给你一种生活方式，你可以觉察，并在生活中的一件小事——那些平时我们觉得理所当然的简单小事上也能获得快乐。通过这样做，我们能专注生活中那些进展还不错的事，而不是总看着那些做得不好的事。

当卡巴·金博士和他的同事在麻省理工医学院设计正念减压课程时，他们的目标是让源自传统佛学正念冥想的裨益能够以一种入世的方式被那些因慢性疼痛和其他长期健康状况而痛苦的人获得。课程设计不仅包括冥想，还有瑜伽、压力模型和小组讨论，以及将正念融入日常生活。除了小组讨论之外，其他所有的方法都含括并贯穿于本书中。你将读到相关的故事和有代表性的分享，我从那些参加正念减压课程的同学那里听到的这些反馈，他们已经通过正念减轻压力，放在这里来重现团体减压的体验。

我是在查找冥想的科学依据时发现了正念减压，后来，我参加了在伦敦的一个正念减压课程，我被课程形式和入世的方式所感动。我渴望与其他人分享这个课程，于是我开始接受麻省理工医学院正念中心的卡巴·金博士和萨奇·桑托莱利教授的正念减压培训。接着，我在英国班戈大学正念中心学习了好几年如何教授正念。我开始在本地为那些深受慢性疼痛之苦的人以一种小团体和一对一的形式教授正念减压。过去这些年里，我带过许多个正念减压课程，主要是面向社会，他们希望找到一种不同的解决压力的方法。后来，我出版了这个主题的第一本书,这让我接受更多的邀请在世界各地进行正念讲座和开办工作坊——这是一种莫大的荣幸。我现在也在进行在线正念师资培训,以及其他不同的线上教学。只要有机会,我也继续开办工作坊。

如何使用本书

这本书不是一个作业本,而是一本实践手册。八个章节将给予你充分的指导来完成为期八周的正念练习,教你该如何做及什么时候进行练习。我鼓励你使用写日志的方式,不论是写在书上,或者是表格、手机或电脑上,记录下你的反思——对参与这个课程体验的反思,以及它对你的压力状态的影响。有一个记录记载下来可以帮助你在以后的岁月里回顾并更好地改善自己的修习。在某种程度上,你的日志也能够调整正念生活方式,比你之前尝试的要更加合适你。最后,坚持写日志将提醒你,在你生命中所有的美好事物,由于正念觉知而感受到它们的存在,并一路伴随着你的挑战。

我还提供了可下载的正念练习音频,可在 www.guilford.com/alidina-materials 下载。(若你感觉在做正念练习时不需要语音指引,第 21~24 的练习引导,这几个音频里,没有语音,只是每间隔 5~10 分钟响铃一次,提醒你更加专注。任何时候你感觉需要有语音引领都可以使用这些音频。)

阅读完第一章、第二章和第三章,了解正念是如何减轻压力后，你会更加仔细地观察自己现在的压力水平（包括压力是否严重到需要求助于专业人士），并且计划逐步完成这个课程。但是，不要太过于严肃。我提供了两种完成课程的方式，迷你版和完整版。因此，你可以根据自己的需要和愿望来调整，确保这个课程能帮助你减压而不是增加额外的压力。我还编写了一章有插图的迷你版和完整版瑜伽练习，它贯穿全书，都有提及。

　　生活中可能有巨大的压力，然而也有很多方法可以应对。我很荣幸，你愿意与我同行，尝试去探索和培养更高的正念觉知。感谢你到目前给予的专注。我衷心希望本书中灵活的课程方式不仅可以减轻你的压力，也能够丰富你的人生。

第一章
正念如何有助于减轻压力

> 藏语中有句谚语:"痛苦应该成为力量的源泉。"
> 无论什么样的困难,多么痛苦的经历,
> 如果我们失去信心,那才是真正的灾难。

当萨拉开始修习正念,对她那狂野的思绪有了更多的觉知。各种各样的念头想法,许多与她想要专注的事情无关,她也留意到脑袋里有许多负面的想法,譬如,"我一无是处"和"我到底是怎么了",这些想法在脑袋里不断地来来回回。通过正念,她学会退回一步去看着这些念头,慢慢地,这些想法对情绪产生的压力影响也在减小。

当她的头脑变得清晰一些,她的感觉也更加的有序。她发现自己对儿子没有按照自己要求去做时,也没有那么应激反应了。她可以明白为什么儿子会那么做:他可能是饥肠辘辘或者上学累了。她对儿子有了更多的慈爱,由于妈妈温和平静的语调,儿子的回应也更加积极。

萨拉也感觉到,由于专注力的提升,上班没有那么疲惫了,并且工作效率也更高,可以更早些下班。

每个晚上,下班回家后,她做一个简短的正念练习。这帮助她从工作模式中转换出来，在家中变得更加平静和放松。她学习什么也不做的时候，不对自己感到内疚。她认识到，就只是坐着和休息，或者与儿子玩耍也是被允许的。事实上，这也是必要的。

每个人都有一个狂野的大脑。当生活中的要求达到极限时，我们都会反应过火。我们的世界自行崩塌，我们对那些痛苦挣扎的人们失去同理之心，就像压力过大时我们对待自己的方式一样。这并非我们的过错，我们似乎天生就是如此。幸运的是，当事情不尽如人意时，我们不需要对它丧失信心。萨拉的故事证实了这一点。尽管正念的效果开始时比较缓慢，并且它不是到达瞬间无压力生活的短平快捷径，但是只要你坚持练习，正念就能缓慢而稳定地舒缓你的身心，积极地滋养生活的各个方面，就像是柔风细雨润泽一片干涸的土地。雨水就是正念，干涸就是不断地去争取的现代生活。

要理解正念如何减轻压力，我们需要首先仔细地了解一下压力是什么。

压力到底是什么？

定义：

　　压力是一种过于紧迫的感觉。

紧迫感可以来自外在（你所生活的周遭世界），也可以来自内在（你的想法、情绪和态度）。

外在压力，例如：

- 不得不完成工作
- 不得不干家务活和照料家中其他事项
- 照顾自己和家人
- 不得不出差或者参加社交活动
- 设法照料生病的自己或者他人
- 电子邮件、来电和其他的通信方式
- 抚养子女
- 需要锻炼身体
- 缺钱

内在压力，例如：

- 对自己的负面和批判性念头
- 对他人的负面和批判性念头
- 对这个世界的负面想法或念头
- 低自尊心或慈悲心不够
- 完美主义倾向
- 持续数周的不悦情绪，譬如抑郁、焦虑、内疚或者羞愧感
- 身体的不适感或者疼痛

你需要一些外在压力来激励和让自己感到振奋。如果压力太低的话，人们会感觉无聊或者没有价值；如果压力太大，就会感觉过于紧迫。从某种程度而言，生活是一种平衡行为，要寻找为自己带来合适压力水平的事情。

> 如果压力过大，并且持续时间过长，
> 它可以导致慢性压力，这就是危险所在。

你所承受的压力也许比你可以应对的要小很多。但是时间过长，它们可能产生问题。例如，想象我要你端着一杯水。如果只是1分钟，你肯定没有问题。你可以一边做脸上还面带轻松的微笑。如果你必须端着10分钟，这个任务就变得有些挑战性，或许你脸上的微笑就没有那么自然了，不过还在可以接纳的范围。但是，如果我要你整天整夜都端着这一杯水，很可能到一天结束的时候，我就要呼叫救护车了。

这一杯水代表着你所承受的压力。正如你可以看到的，压力本身并不是问题，问题是面对它的时间有多久。紧迫感持续的时间到了临界点就会产生压力。这也表明时不时出现的强紧迫感并没有害，但是长时间的紧迫感就变成了压力。

合适的压力水平带给生活更大的幸福感。如果你正在阅读本书，我猜想你现在所承受的压力有些大，而不是很小。本书将为你提供有效的方法来减轻压力。

压力对我们有什么影响？

压力，或更准确地说压力反应带来身心的变化。当变成长期压力，这些身心的改变可以产生各种损害：

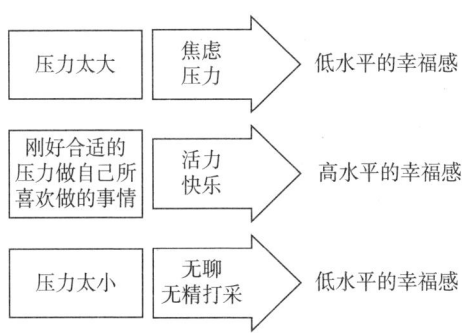

持续的压力可以导致一系列身体疾病。估计约有75%的就诊都与压力有关。压力可以导致高血压、心脏问题，包括中风。压力也可以导致偏头痛、后背疼痛和溃疡。压力还可以削弱免疫系统，让你更容易生病。

慢性压力影响心理健康。压力可以导致临床抑郁症、焦虑和倦怠。压力还可以让你无法有效地集中注意力。

压力影响家庭生活。当压力处于高水平，你有可能对伴侣或孩子发脾气。如果这种事经常发生，家人之间的关系就会变差。压力降低你的情商，让你比较难以换位思考。

对非法毒品、酒精或尼古丁上瘾有些可能与慢性压力相关。你也许试图用这些来减轻压力，虽然可以暂时缓解，但是上瘾使整体压力水平更加提升。

全社会都因压力而受苦。由于压力导致工作效率低下或误工，损失数千亿美金，每个国家都付出了代价。这还没有涉及由于过大的压力导致创造力下降和沟通问题。

正念如何减压

正如萨拉所发现的一样，压力是一个复杂的主题，因此减压也不是一条笔直的道路。然而，出于简单化的考虑，下面有一些正念的方法有助你减压。

- 对你的想法更有觉知。你可以从想法中退后一步，不把它们太当真。这样，你的压力反应不会第一时间触发。
- 你不会对情形立即起反应。恰恰相反，你可以暂停片刻，接着用"智慧的心"想出最佳的解决方法。通过正念练习，正念就在这一刻会帮到你。
- 正念切换到你的"存在"模式，这也与放松有关。"行动"模式的核心与行动和压力应激反应相关联。
- 你对身体的需要更有觉知和敏锐。你也许更早留意到疼痛，那么就可以采取合适的举措。
- 你对他人的情绪更有觉知。当你的情商提高时，你不太可能卷入冲突。
- 对自己和他人的关爱和慈悲增加。这种慈爱之心能减轻你的痛苦，并抑制你的压力应激反应。

- 正念练习减少大脑杏仁核的活跃度。杏仁核是启动压力反应的关键,可以有效地减轻所有压力水平。
- 你能更好地专注。所以你可以更有效率地完成工作,你有更高的幸福感,而且这也减少了压力应激反应,你更有可能进入如心理学中米哈里·齐克森米哈里称为的"状态"或"心流"。
- 你可以改变对压力的态度。不要只是眼睁睁地看着去承受压力的负面后果,正念给你一个空间,对压力会有不同的理解。观察压力是如何增长得让你充满活力,这对你的身心有着积极的影响。

这一章后面部分,我会详细介绍正念如何有利于你的身体、心理、情绪和人际关系。但是,首先认识我们通常的心理状态、没有正念和正念之间的区别很重要。

无意识:大脑的通常模式

在进行日常活动的时候,你的大脑通常的状态很可能是一种无意识状态。我无意指责或冒犯——它只是大脑的一种默认模式。在无意识的状态,你过着一种没有觉知的惯性生活。你没有把全部的注意力放到做的事情上,只是惯性使然地去做。

> 这个正念课程让我认识到我的一生都在做白日梦。减轻压力只是正念带给我的许多好处中的一个。

大脑有形成习惯的功能。这种方式有助于我们更有效率地完成工作。由于激活了一条特定的神经通路,一个习惯实际上是大脑中的神经元之间的相互联系。你可以把每个习惯当作一个电脑程序,它自动地发生,非常快速,不需要额外的意识觉知。习惯的养成是通过不断重复的过程,每一次你重复一项活动,你开始创建那个习惯性程序。习惯有以下几个好处:

● 可以无意识地完成事情,这样你节省了有意识的精力。走路的时候,你不需要想"移动左腿,移动右腿",它是自动行进的。

● 你不需要浪费精力做选择。早上醒来,刷牙——你不需要想今天是否要刷牙。

● 习惯性的活动可以更快速地完成。学习新鲜事物,如弹钢琴,在最开始的时候要困难和慢很多。

● 你感觉更加放松。你不需要努力去做一个习惯——它就是自动在进行。如果你有每天吃一个苹果的习惯,你不需要再努力强迫自己每天吃一个健康水果。

● 你可以更加有效地做事情。当你第一次玩杂耍,它会比较难,你不停地接不住球。而当它成为一个自动的动作,你可以一边单腿跳,还可以同时讲笑话。

然而,习惯也有如下一些缺点:

● 因为习惯通常是无意识的,你对体验没有觉知。如果你习惯性地与你的孩子一起玩耍，你错过了与他们在一起的特别而珍贵的时刻。如果是习惯性的，这种体验无法被体验到。

- 你失去了选择。如果你是自动化和习惯性地反应，你怎么能做出选择呢？如果你总是乘飞机从旧金山去芝加哥，你自动地预订机票，你不会想着与朋友们来一趟火车之旅或自驾游。
- 当你的想法、情绪和态度都是惯性和消极的，你更有可能体验到压力。持续的心不在焉和负面思维会开启压力应激反应。

对自己、他人和世界的惯性消极想法是许多压力的根源。

正念帮助你改掉这些无益的习惯，并重塑大脑，

从而带来更多的幸福感和更少的慢性压力。

练习：2分钟正念练习

音频1：2分钟

现在就做这个练习。

设置2分钟闹铃。

做一个深长而缓慢的呼吸，吸气、呼气。

现在把注意力放在呼吸的感觉上，自然地呼吸。每一次留意到走神了，就只是温柔地将注意力带回到呼吸上。

2分钟时间到，练习结束。

反思

给自己一些时间来反思以下问题。如果觉得想要写下来,你可以把答案写在智能手机上或表格上(如果你有的话)。一旦你开始八周课程,鼓励你用一个笔记本或用电子设备在某个地方记录下这些反思。如果你愿意的话,可以浏览你的日记。

1. 你留意到了什么?
2. 你能把注意力集中在呼吸上吗?
3. 你的注意力跑到哪里去了?
4. 练习结束时你的感觉如何?
5. 它是容易还是困难的?

记住:你的心会跑到其他想法上去。这是正常的,这并不意味着你做错了什么。实际上,如果你留意到自己走神,说明你做正确了。

现在重复练习,但是这一次尝试坐着或站直,闭上眼睛(如果第一次是睁开眼的),接着重新回想一下上述问题。其中哪两项练习更容易集中注意力呢?

认识正念

正念是与惯性和自动化生活相反的。正念教你更有觉知地生活。以前你可以有你的习惯,因为这是大脑的本性。但是你会更多地留意它们,并在人生中有更多的选择。

下面是我对正念的定义，它集合了许多不同正念老师所给出的定义的精华。

正念意味着有意识地专注当下的体验，
带着正念的态度，如接纳、好奇、自我慈爱和开放。

为了更好地理解它的含义，让我们分解一下它的定义吧。

有意识地

正念通常不是一个自动化的过程。你经常发现自己没有正念。正念是一个需要决定的过程，你需要选择变得有正念。接着你付出一定的努力，一旦开始进入正念觉知的心流，你努力的程度就会较少，但是至少一开始需要精进。这是一个想要专注的有目标的决定。

有趣的是，你几乎一直都在专注某件事情。问题是你在专注什么呢？在阅读本书时，你的心也许在身后开着的电视上，或者想着今天工作中发生的事情，或者回忆昨天发生的事。这是被动的注意力。被动专注是无意识做出的。正念不仅仅是被动地专注于注意力游离的任何地方。

正念是一种主动而不是被动的专注。一种积极或者有目的的专注力，需要选择和一定程度的精进力。我们将在本章后面更详细地介绍。

专注

你可以认为注意力是一种集中的觉知。注意（attention）这个词来自拉丁语attenere，直译为"朝着……伸展"。当你集中注意力听一个讲座，你就向演讲者的声音伸展了你的觉知。

专注是集中注意力——觉知正在发生的事情。我们运用五种感官注意到外在发生的事情：看到、听到、闻到、尝到和触到。例如，你可以用眼睛看这本书、听到远处有婴儿的哭声、闻到一家快餐店油锅里的油味、早晨喝的橙汁的味道，还有身体坐在椅子上的重感或者肩膀的紧绷感。当你有意识地留意这些体验时，你就在保持正念。

但是，你的正念并不仅限于外部感官体验。有意识的专注于内在经验，如你的想法和情绪，而不被它们带走，尽可能地去专注，这也是正念。你可以专注那些像"我不想费心做这项工作"，或者"那个女人为什么大吼大叫"的想法，或者像是无聊、兴奋或沮丧的情绪。注意到这些内在经验，而不是无意识地任其发生，这是正念。在你和你的想法或情绪之间那个小小的分离感是关键。

你也许会想："那又怎样？好吧，我不是百分之百一直有觉知。我在做白日梦，我想一些其他的事情。那有什么错呢？"嗯，这里有一个典型的例子是上周我所经历的。想象一下你在出差：你早上醒来准备搭乘飞机回家，从芝加哥飞往伦敦。你查看天气预报，发现天气不好，预计会下 12 英寸的雪。天气预报说许多航班不是延误就是被取消。你想："噢，不好！我的航班会被取消。我真的很想赶紧回家，在上班之前能与孩子们在一起待会儿。为什么这种事情总是发生在我的身上呢？这真是闹心。我能找到一个酒店再多住一晚吗？当这种事情发生时，这家航空公司的服务总是很差劲。"你开始感觉到紧张和压力。

现在想象另外一个场景：你早晨醒来，准备结束出差乘飞机回家，从芝加哥飞往伦敦。你查看天气预报，天气预报显示天气情况不好，预告有 12 英寸的雪。这个预报说许多航班要么晚点要么被取消。你心想："噢，不，我的航班会被取消。"接着，实际上你留意到你有这样的一个想法。你意识到它只是一个预测，而不是事实。接着，你在线查看了你的航班，发现它实际上正在航行。如果运气好，你也许还能准点起飞。当你早上坐在咖啡馆的时候，你一边享受美丽的雪景，一边抿着茶。你知道无论多么担心都于事无补。

这是正念做出行动的一个例子。通过觉知你的想法，你能采取行动而不是让你的心任由想法摆布。这个例子体现了以下关键原则：

没有正念给你带来的痛苦，通常比你意识到的还要多。

当下这一刻

大多数的孩子注意力都在当下,他们都有强烈的好奇心。孩子们会留意飞机的轰鸣声、树上的鸟叫,还有葡萄的味道。当他们逐渐长大,他们的记忆里充满了对过去的回忆,他们会想象将来。这是人类特有的能力,当我们长大成人,我们倾向于和当下有更少的连结。

你的心似乎会自然地重播过去的事件并担心未来。当读到此处,你也许发现自己正在想着朋友做出的评价:她很粗鲁吗?

就像一只摇荡的钟摆从左边荡到右边,只在中间停留一小会儿,你的心大量的时间在过去和未来。实际上,在2010年,哈佛大学基林斯沃思和吉尔伯特研究发现,一个人大脑 50% 的时间思考过去和将来,只有 50% 的时间在此时此刻——当下这一刻。

为什么活在当下很重要?印度伟大的领导者甘地曾经说过:"未来建立在我们现在的所作所为上。"如果你的注意力过多地在过去和将来,你无法做好当下要做的事。而明天尚未到来,这里只有今天。你今天所做的以及关注什么很重要。

下面的例子证实了这个观点。有一天,我在与凯蒂——我的一位客户说话,她告诉我,她以前参加过一次正念课程,那时她总是担心自己的孩子以及他们的未来。她是位好妈妈吗？她是用正确的养育方式好好地抚养孩子吗？她上网查看和阅读相关书籍，但是它们给出的建议都不同。她感到失措、迷惑并且非常疲惫。通过正念修习，凯蒂决定放下所有这些想法，就是与孩子在一起。她全身心地与小儿子在一起，与孩子在一起的时光变得如此的不同，她的担心逐渐消减。当她活在当下的时候，她觉得自己是个更好的妈妈，而不是一直担心什么是对什么是错。

如果没有有意识的专注，你的心就迷失在过去或未来的想法之中。对于过去的回忆可以轻而易举地以负面对话而告终。你想起与兄弟吵了第十次架，或者思索各种的原因为什么新认识的女朋友不打电话给你。

当然，这些想法都没有错。实际上，思考对现代人的生存至关重要。问题在于不断地担心导致不快乐。正念有助于从无休止的思索、担心和计划中回到平衡。

正念的态度：接纳、好奇、自我慈悲和开放

正念不仅仅是专注，它是用正确的态度保持专注。如果你的注意力充满负面、自我指责和评判，它不太可能是有益的。你需要带着一些必需的态度，我称之为正念的态度，这样你的注意力才会有一个积极的根基。所有的这些态度并不需要完美无缺，也不需要一直提心吊胆地想着。当你在烹饪时，它们是正念觉知这碗汤中的调料，其中的任何一个都会

让你更加满意你的正念练习。在阅读本书的过程中,你会逐一对这些态度有更多认识。

智慧故事:吃愤怒的怪兽

从前,有一位国王,他住在一座漂亮的皇宫里。这位国王要离开皇宫一阵子。当他不在的时候,一个怪兽来到宫殿的大门前。这个怪兽非常丑陋,身上还散发出难闻的味道,它的声音也很难听,以至于守卫的士兵都被吓呆了。怪兽径直从卫兵身边走过,登上了国王的宝座。等卫兵们回过神来,冲进皇宫朝着怪物大吼大叫,命令它赶快从国王的宝座上下来。当他们每说一句恶言恶语,怪物就变得更丑陋、更讨厌并散发出更难闻的味道。卫兵们变得更加愤怒,他们开始拔出宝剑,准备使用暴力铲除怪兽。但是,怪兽变得越来越大,最后都要占据整个大殿了。它也比之前变得更加臭味难闻、丑陋和令人厌恶,散发的味道比周六晚上最差劲的醉醺醺酒吧里的洗手间还要糟糕。

终于,国王回来了,他很有智慧和慈悲,他看到了冲突中发生的事情,他知道该怎么办。国王微笑着对怪兽说:"欢迎来到我的皇宫!"接着,他问怪兽,有没有人给它倒一杯咖啡。当怪兽开始啜饮咖啡时,它开始变小。国王又送给怪兽一些可以打包带走的比萨和薯条。随着国王友善的行为,怪兽继续缩小,然后国王又给怪兽提供全身按摩。

当卫兵们给它放松按摩时，怪兽变得非常微小。伴随着对怪兽友善的行为，它最终消失不见了。

我们的压力之源很有可能就是一头吃愤怒的怪兽。你是不是觉得愤怒让它变得更大呢？在一些充满压力的环境中，越多的负面想法、语言或者行为，反而使得处境更加艰难。或许这个故事可以帮助你敞开心扉接纳困难，用一种更加友好的方式看到其中蕴藏的价值。友善地对待自己就是它所要求的。

正念对身体健康的好处

肌肉更加放松

当你感觉有压力，肌肉会变得紧张起来。这是有原因的。压力使身体进入"战斗或逃跑"模式，肌肉准备要更用力，好让你准备逃走或抗争。正念有助你留意身体的紧绷——当压力水平上升时的一个征兆。带着这种觉察，你可以开始采取对策去减轻压力。此外，对紧绷的觉察通常会缓解压力。

我记得与一位自称患有慢性紧张的女士的共事经历。她的整个身体都非常紧绷，以至于动起来都很痛苦，有时候甚至都不能挪动身体。传统的放松练习似乎对她不管用。但是通过学习正念，她学到对身体紧绷的觉察，她学会更少地评判和更多接纳这些紧绷感，这让那种紧绷松懈下来，疼痛也随之减轻。

心脏更加健康

当你有压力时,心脏跳得更快、血压上升,准备好让你逃跑或抗争。身体做出的反应好像你受到攻击一样。在美国,每年心脏疾病是死亡的第一原因,而焦虑是其中元凶之一。最早对一群心脏病患者的调查表明,正念能起到帮助。这群人的焦虑减少、情绪管理能力提高,并有更好的方式应对压力,从而更有效地把握他们的健康。

增进与食物之间的关系

你有消化不良的问题吗?任何与压力反应相关的问题都会影响消化系统的运作。身体的反应就好像你要被一只老虎吃掉一样。如果你要成为别人的午餐,就没有必要浪费能量消化你自己吃过的早餐了。通过正念减低压力水平,可以缓解消化系统的压力,特别是把正念用在进食上也能帮助身体消化:吃饭的时候更有觉知,你会品尝到食物的味道,避免一心多用,大脑给消化系统发送正确的信号,让它开始工作。这就是正念饮食。研究表明,正念饮食可以减少暴饮暴食或吃太多,可以减轻体重,可以减轻慢性症状如厌食症或贪食症,并有助于缓解 II 型糖尿病的症状。

长寿——保护你的 DNA

这是一个伟大的发现。就像鞋带尾部有一个尖头防止磨损,细胞里的染色体也有一个帽子盖在上面防止它们受损。这些保护性的帽子称为染色体端粒。以前认为这些帽子的老化是不可避免的，引起细胞衰老，最终由于"衰老"导致细胞死亡。但是在 2009 年，伊丽莎白·布莱克本博士获得诺贝尔奖，因为她发现身体里的一种叫作端粒酶的物质保护端粒。越多的端粒酶意味着越长的寿命。这里有一个好消息：正念增加端粒酶的数量。这有助于有效地减少或者很可能逆转你的细胞衰老。所以，保持正念会看起来年轻、充满活力！

免疫功能更强

当你有压力时，另外一个主要功能几乎完全关闭，那就是你的免疫系统。免疫系统是一个长期的保护系统，但是由于压力应激反应而失控，这是一种短期生存机制。如果压力是长期的，你更有可能生病。威斯康星大学理查德·戴维森教授和他的同事做的研究发现，对照那些没有参加正念课程的人，参加八周正念课程的学员，他们体内产生更多流感病毒的抗体。其他的研究也表明正念课程学员更少由于呼吸系统感染请病假，并且持续时间更短、症状更轻。

2009 年，一项对 48 名 HIV 阳性感染者的研究发现，也许正念非常有帮助。这一组参加了为期八周的冥想课程后，白细胞的数量没有下降，白细胞是免疫系统的关键部分。然而，没有冥想的对照组的白细胞数量却出现下降。

减轻疼痛——比吗啡效果更好

2011 年，《神经科学》期刊上发表的一项小研究表明，正念可以减轻 40% 的疼痛强度。这甚至比吗啡更有效！这项研究发现，这种疼痛的减轻似乎是由于变得更有正念之后，大脑有了不同的运作方式。研究者培训正念测试者一个小时，接着要他们修习正念，同时将他们皮肤的一小部分加热到 120 华氏度持续 5 分钟——这对大多数人来说都是很痛的体验！其他的几项研究也发现，正念不仅帮助人们控制急性疼痛，而且还有慢性疼痛。

增进睡眠品质

我发现，人们刚开始练习正念时，这是他们经常提到的好处之一。来自犹他大学的研究发现，正念帮助人们在一天之中调节他们的情绪，并在睡觉时间体验"低激活量"，这有助于提升睡眠质量。

试想一下，人生 1/3 的时间用在睡眠上，练习正念就只是让睡眠更好也是有意义的，何况它还能帮助减轻压力。正念缓解压力从而改善睡眠，睡眠的提升反过来又让你感觉更少压力。正念就这样形成一个积极的循环。

正念对身心的好处

这些正念的好处大多数人都很熟悉，特别是正念提升专注力和让头脑变得平静。但是，正念的好处不仅如此！下面是研究结果。

更清晰的头脑

几项研究已经表明正念练习减少思虑或担忧。2009年发表在《科学和疗愈》杂志上的一项研究发现,参加八周正念减压课程的学员有更高水平的幸福感,以及更少的杂念。就我个人经验,其中一个好处就是创造力。当我练习正念后,经常会有好主意出现,它们给我的工作和生活带来帮助。本书的名字就是在参加一个密集冥想营时出现的。

更平静的头脑

正念减压的效果许多研究已经证实。很明显,这本书的内容就与此有关。正念到底如何减压实际还不为人知。《情绪》杂志上2010上发表的一项令人振奋的研究,通过运用电影来探索这个主题。有两组人都被要求观看一部悲伤的电影,其中一组完成了正念减压课程,而另外一组没有。参照没有冥想者,大脑扫描显示,冥想者脑部活动没有那么活跃。在冥想之后大脑活动也呈现明显不同。这似乎表明正念使脑部以不同方式处理情绪,也许是修习正念使得压力减小的原因之一。

更好的记忆力

正念特别提升一种类型的记忆,我们称作工作记忆。把你的工作记忆想象成一块小白板,你用白板做记录,记下人们对你说的话,还有在那时需要做的事情。记忆力不佳就像是有一块非常小的白板,你很容易忘记在做的事情,很容易被其他事情干扰分心。一块大一些的白板意味着你可以记得正在做的事情，并不那么容易被其他人或者事情分散精力。研究已经证实压力会削弱工作记忆能力，而正念可以增强工作记忆能力。所以正念能让你的白板更大一些，提升工作记忆与提升学习能力、专注力和管理情绪的技巧。

提升专注力

或许与你所猜测的一样，正念提升专注能力。事实上，它特别有助于专注力提升。2009年，利物浦约翰莫尔斯大学研究发现，在所有的专注力测试中，正念冥想者显著地比非冥想者要好。当你有更好的专注力，你更有可能进入"心流"的状态，一种非常集中心神的状态，与更高程度的幸福感相关，它的反面就是过大的压力。专注力提升也带来更高的成就感和效率，所以，花更多的时间与朋友和家人相处，你感觉有更多的掌控而不是失控。

正念对情绪的好处

快乐！

你可以把它称为快乐、幸福或者心流——正念有助于它的提升。你的快乐与其他许多好处都有关，包括增进人际关系、更长的寿命，以及更出色的工作业绩和收入。此外，快乐也让人感觉良好。2008年，《行为医学刊期》上发表的一篇研究证实了正念对快乐的影响。科学家们发现，那些参加正念减压课程者的幸福感要更高。更多冥想和在家练习瑜伽的人有更高水平的正念及幸福感。在之前提到过的基林斯沃思和吉尔伯特的研究也发现，那些脑袋走神少一些的人更加快乐。

预防抑郁症

慢性压力带来的问题之一就是抑郁症。压力与抑郁之间的关系错综复杂，但是它们一定是相关的。慢性压力使血液中的荷尔蒙发生改变，让人更容易得抑郁症。当你承受压力过大，你更不太可能去社交、吃得更健康或者去运动——你最终可能不会好好照顾自己。世界卫生组织称，超过3.5亿人患有抑郁症，这是全世界导致伤残的主要原因。在英国，正念被国民医疗服务体系（NHS）用在治疗慢性抑郁症复发上。这是一个团体课程，称为基于正念的认知治疗（MBCT），与本书中的课程非常相似，并已证实它的效果比传统治疗抑郁症方法高出50%。正念帮助你停止对抗悲伤的感觉，而学习接纳这种感觉，并带着对自己的一种慈爱觉察与之相关的念头和身体感受。这种转变有助于防止悲伤持续过长和加剧，从而预防其发展成抑郁症。

减少孤独感

老年人压力增加的一个关键原因是孤独感。人类是社会性动物，没有社交的孤独感可以变得极为强烈。目前为止，那些为促进老年人社会交往而设计的课程并不见成效。最近，美国卡内基梅隆大学的研究发现，正念有助于减轻孤独感。很有趣的是,他们还发现一种与炎症相关的基因表达也有减少。炎症与癌症、心血管疾病和神经退行性疾病有关,所以这种基因表达的减少也是一个非常鼓舞人心的发现。

减少焦虑

焦虑是一种恐惧、紧张或担心的感觉,它通常是由压力事件所致。压力不是一种可以被诊断的精神失调,而焦虑却可以。当你的"战斗或逃跑"模式经常处于开启状态,就形成焦虑失调。你感到某种程度的恐惧,它影响到你的日常生活能力。过去,对治方法有尝试改变思维、想法。但是,正念的方式是改变你与想法之间的关系,从逃避这些感受到向它们靠近。2012 年,挪威卑尔根大学的研究者们对 19 个不同的研究进行调查,并发现以正念为基础的方法能有效地减轻焦虑。

不容易愤怒

当事情不尽如人意时,愤怒就升起。有时候,愤怒既不必要也没有用。经常性的愤怒可以摧毁你的工作和家庭生活,并增加压力。当你感觉备受压力时,你也更有可能生气。愤怒已被证实是由"激烈的想法"所引发——消极、攻击性的思维模式。正念帮助你留意到并减少这些无益的思维模式,因此,可以在适当的时候减少愤怒的感觉。这项研究发表于 2010 年《攻击性行为》期刊。

正念对关系的好处

关系很重要。一项有意向的研究发现，人际关系是增长幸福感的首位因素。拥有高品质人际关系的人面对压力有更好的韧性，包括朋友或家庭成员的关系。这是因为当生活中出现困难时，他们能够向人诉说。

通过下面所描述的原理，正念给你一个机会增进与朋友、家人和同事之间的关系。通过增进这些关系的品质，你也增加了对压力的韧性——因为你给予他们一个可以沟通交流的对象！

当下这一刻的觉知

当别人跟你说话的时候，你有多少活在当下？你也许人在这里，但是心与情感都与他们在一起吗？

记得我曾经有一位经理，每次与他说话的时候，他几乎都是心不在焉。在工作聚会上，他会提防着我；在开会时，他不会理会我对他说的，他似乎有自己青睐的团队成员，其他人他好像并没有多在意。这让他在办公室并不受欢迎，而结果是他的团队也感觉气馁和沮丧。

更加活在当下意味着你更有效地聆听，而他人也感受到了你在听他说话。被人倾听，是对方所真正想要的。每一次活在当下就增强了人际关系。

关键时刻做出有觉知的选择

《为了爱,重塑你的大脑》的作者玛莎·卢卡斯说:"自动导航模式是关系中最大的障碍。"我们在关系中的行为方式来自童年时期大脑中所塑造的方式。如果你允许自己在关系中自动化的行为,那么你更可能重复这些无益的模式。正念重塑你的大脑——包括负责情绪调控和自我觉知的那部分大脑,通过这一重塑,当面对负面情绪时,你不太可能像膝跳反应一样自动反应。保持正念,你可以在关键时刻管理好自己的情绪,因为你的大脑被更好地塑造来面对这一情形。当被伴侣、家人或同事惹生气时,通过减少自动反应,做出更有把控的抉择,选择自己的言辞和行为,这样大量的压力就会被削减。

友善

带着一种友善、慈爱或友好与他人交往,这肯定会促进关系的品质。这也将使你和他人都感觉更加快乐和放松,你的压力水平也会降低。然而,你需要平衡对人的友善,也要友善地对待自己。

上周有一位朋友兼同事邀请我做一个关于运用正念克服抑郁的讲座。正念是一种非常棒及非药物对治抑郁症的方式。我很高兴能分享自己热情之所在。但是,我已经有其他几项要在那周必须完成的事情。在这种情况下,我不得不友善地对待自己,回绝了我的朋友。这并不容易。我不喜欢拒绝分享正念的机会，但是如果我不拒绝的话，我将无视自己的休息。通过休息，我给自己时间去减轻自己的压力，从而做好准备在将来为他人能够提供更好的服务。

反思

想一下自己的生活。想出最近的三件你答应做的事情。你是对自己友善呢，还是对他人？接着，想出最近的三件你拒绝做的事情。你是对自己友善呢，还是对他人？如果你愿意，请在笔记本或电子设备上记录下来。

最理想的是保持平衡。如果你总是付出，并对他人太好，以至于提升自己的压力水平，那么考虑多说一些"不"。如果你总是照顾自己，并很少顾及他人，那么考虑多帮助他人和对他人做出友善的行为。

不评判

放下评判是一个促进人际关系和减轻压力的好方法。如果你非评判不可，关键是只对行为做出评价，而不针对那个人。我喜欢认为所有的人都是纯净和圆满的，正如他们还是小婴儿时。但是由于误解、过往的经历、大脑中的化学物质，或者其他影响，人们并不总是做出理性的或具有慈爱之心的行为。

下面是一个例子

我曾有一段持续了几年最终不欢而散的友谊。麦克和我以前总是一起去看电影或戏剧，每周见面、分享观点并且总是互相支持。麦克和我是好朋友。可是有一天，很突然，他指责我不够朋友，他说我在一次聚会上忽略了他，描述我是怎样把一个新项目给了另外一个朋友，是在给他之前。他说他希望把事情摊开，而不是继续藏着掖着。这发生得很突然，我有一点震惊，我接受了他的批评并道歉。我不知道他为什么会有这些感受。然而，我再也没有听到过他的消息，再也没有电子邮件、电话或者短信，他一概不回复。最初我感到既难过又迷惑，接着我觉得很沮丧：他为什么会这样对我。但是，最终我接受了这件事情。我的方式就是放下我对他的评判，也将这一法则用到自己身上：

在任何一个特定时刻，人们总是尽其所能地去做，带着他们在那个时刻的理解程度和动机。

评价麦克是错还是对没有意义。他做了他想做的，因为他是那样认为我的。他也不想再继续提及。通过放下我对他的评价，我可以放松，并释放我对他的看法产生的压力。我原谅他，因为他做了他认为正确的事情，我可以理解。那不意味着他做的就是对的，或者错的，或者甚至是明智的——但是，因为某个原因，他那样做了。现在我可以心生感恩，因为他给了我一个练习宽恕的机会，愿他与其他人的友谊有更美满的体验。

反思

在你的人生中有没有一个人,你觉得自己需要停止评判?有没有一个人只要你一想到他或她会给你带来压力?如果你原谅这个人,而不是他的行为,那会有帮助吗?你能否把它当作一个练习宽恕的机会呢?

如果你愿意,请在智能手机、表格或者笔记本上写下你的想法。这并不容易,也许你不赞同这样的做法,认为对你所受的痛苦有所冒犯。但是,这样做肯定是值得的。

正念不仅仅是静坐冥想

只有两种方式可以让你变得更有正念:

1. 正式的正念冥想
2. 日常生活中的正念

正念冥想,一种特别的冥想方法,花一些时间它可以让你的头脑变得更有觉知。正念冥想最短可以不超过5分钟,并可以加长到45分钟。正念冥想有一些独特的训练方法,例如,专注观照呼吸、身体或者声音。

正念冥想对大脑皮质产生积极正面的改变。实际上,它可以重塑大脑网络,这样练习者会变得更加快乐、专注、清晰及敞开。换而言之,更有正念!提升大脑正念的潜能,冥想是一种最强有力的方式。

瑜伽、太极或者其他身心训练方法,如果它们与正念觉

> 我并不是那种喜欢坐下打坐的人。事实上，我可以在行走、做饭或者园艺的时候修习正念，这样更易于操作和理解正念。

知相结合都可以被归类为正念冥想。

日常生活中的正念是一种正念生活方式。每一次做任何一个行为动作，如果你有意识地把关注放到整个活动的整个过程，带着正念的态度，如好奇和敞开（这也被称作不执着或者往后退一步），这样也可以提高正念。

生活中的正念可以在日常生活的任何时刻进行。你可以正念进餐、正念行走，当你在某个地方排队的时候，甚至可以就只是正念观照呼吸。这些类型的每日正念在八周正念减压课程中都会详细介绍。

这就是为什么正念不仅仅是静坐冥想。当你抽出时间来静坐冥想，它只是在一天中特定时刻进行的训练。但是，你也可以选择在一天中任何时刻都保持正念，无论做什么事情都给予全然的关注。准备好去探索这本书中八周正念课程的特别之处了吗？

第二章

认识正念减压

感觉来来去去，像风中的云朵。
让心安住在觉知、呼吸上。

—— 一行禅师

奥马尔躺在病床上。车祸后他被送往医院，护士在做例行检查，检测他的心率和血压。突然护士神情凝重，她的眼睛透过绿色的电脑屏幕，望向连着像意大利面条般曲线的奥马尔。她又看了看奥马尔的脸，看上去并不苍白，眼睛是闭着的。护士的神情变得困惑起来，她决定把他唤醒。她摇了摇奥马尔的胳膊，他平静地睁开双眼。"你的血压刚下降了很多。"护士说，"我有点担心。通常不会这么快下降。你感觉还好吗？"奥马尔微笑着说，"我正在听以前参加过的一个正念减压课程的录音。"一边把耳机摘下来。"你的什么课程？"护士问道，面带着微笑却一脸问号。"几年前参加的一个冥想课程。我仍然在听课程的音频帮助减压。"有可能这就是为什么血压迅速下降的原因！

虽然是奥马尔几年前参加的这个正念减压课程，但是他一直坚持正念练习。随着时间的推移，他便能更加熟练地运用正念的技巧。只要感觉压力水平在上升,他就聆听音频语音引导。正念减压课程帮助他在生活中的某个时刻,辨识压力的水平在增加,并给他一种简单的减压练习。

简而言之,正念减压就是通过学习正念,观照不断增加的压力,并在压力造成不良影响前降低它。在这一章,我将为大家简单介绍课程发展历程和课程设计结构。

认识正念减压

如果阅读过第一章,那么对正念以及长期练习正念的益处就已经有了一定了解。

所有的正念减压老师都遵循标准化课程设置,但是可以根据个人的方式教授课程环节。有些正念减压老师或许理论比较多一些,而有些则更喜欢开放式的提问。有些正念减压老师的课程把瑜伽练习纳入其中,而有些则是运用其他形式的正念运动。

无论形式如何变化,所有经过认证的正念减压老师,课程中都要求必须有4个基础的正念冥想练习。这4个练习分别是身体扫描、扩大觉知练习(有时被称为坐禅)、迷你版正念(大约3分钟)和正念运动(正念行走、正念瑜伽,或只是正念伸展)。

学习本书的两种不同方式

本书包括了正念减压课程中两种版本的正念练习。第一种，我称为"迷你版"，它是由简短的正念练习组成，这是特意为忙碌而没有太多时间又想在生活中体验一下正念的人所设计，使用这个版本就像是一个迷你的正念减压课程。另外一个版本叫作"完整版"，它有更深入的正念练习，适合那些有更多时间做练习的人。完整版课程是常规的正念减压课程。当阅读本书时，你可以选择做哪种正念练习，或者决定学习哪个版本。

除此之外，你的选择取决于你的时间、生活方式和希望从中获得什么，这些都是重要的考量因素。毕竟，你在尝试减轻压力，而不是增加压力。你可以根据压力水平选择迷你版还是完整版课程。如果目前的压力水平是中等，但是一直持续的，那么迷你课程也许合适你；如果压力更大，我建议学习完整版课程。（再次重申，如果你想并且其他的条件也允许，你可以运用两个版本中的练习。）

应对低水平持续的压力

（请留意迷你标志）

这适合现代社会大多数的人。如果你有一份劳神费力的工作，或者有一大家子人要照顾，你很可能没有太多的时间给自己。这种忙碌的生活方式，你可能希望正念能减轻这些不断持续的压力。下面是我的建议：

- 通过阅读课程内容和练习简短的冥想作为家庭作业完成本周课程。

- 专注于以正念的方式生活。其中给出的范例是正念行走。你也可以练习正念开车、正念打扫，或者正念工作。这就是我在前面所提及的每日正念，它并不占据额外的时间，所以它也许对你很合适。（更多介绍请见第六章）

- 考虑运用闹钟来保持正念，在手机应用程序（APP），设置一个与自己的会议。无论时间多短，对你来说，最大的挑战将是记得练习正念，并找到必要的时间和练习的动机。

应对高水平慢性压力

（请留意完整标志）

也许你饱受巨大压力之苦，甚至你可能都出现了临床焦虑症或抑郁症。也许你正在进行冥想，或者为了身体健康你曾经参加过冥想。或许你被诊断出某种疾病或健康状况，例如高血压，希望运用正念化解伴随生病而来的压力。无论出于何种原因，你的压力已经明显地影响到日常生活的能力，或者变成了几乎危及生命的状态，你愿意花时间用正念减轻所有的压力。

如果获得你的医生的允许，那么下面是我的建议：

- 完成本书中完整的八周正念课程。每天冥想 30 分钟及完成其他推荐的练习。

- 练习每日正念。将正念融入你的工作、家庭和旅行之中。这也包括不要做任何形式的一心多用，放慢做事的速度，这样就能更有正念，将深化你的正念意识。你可能会发现自己完成的事情更多，因为工作变得集中精力和全神贯注。

● 考虑找到一个正念团体或者参加在线正念课程（我在www.livemindfulonline.com 有线上课程），支持你的学习。如果不能在家附近找到，那么加入一个线上的团体。

不知道自己的压力水平怎样？这里有一个自我测试，你可以从这里开始。

评估你的压力水平：

你可以使用以下调查问卷了解你当前压力水平的大致状态，由此指导你如何使用本书。因为我们无法在本书中详细阐述，如果你想得到更加详细的评估，可以登录 www.guilford.com/alidina-material。

请回答以下问题：0= 从来没有，1= 有时，2= 经常

1. 在上个月，你多久会因为突然发生的事情而感到心烦意乱？

从来没有/几乎没有（0）有时（1）经常（2）

2. 在上个月，你多久会感觉到失去控制？

从来没有/几乎没有（0）有时（1）经常（2）

3. 在上个月，你多久会感觉到有压力？

从来没有/几乎没有（0）有时（1）经常（2）

4. 在上个月，你多久对必须要做的事情感到力不从心？

从来没有/几乎没有（0）有时（1）经常（2）

5. 在上个月，你多久会因为事情不受自己的控制而发脾气？

从来没有/几乎没有（0）有时（1）经常（2）

现在把每项的分数相加得出总分。

0~3 分　目前你的压力状况似乎比较低。正念可以用来增加你的抗压能力，让你免受未来的压力。本书中的迷你版课程应该足够了。如果你发觉自己从正念中受益匪浅，并没有理由不要你参加完整版课程。

4~6 分　你的压力是中等水平。正念很可能帮助你化解压力感，并可能减少生病的概率。处于这种压力水平，你应该综合其他因素来决定学习哪个版本——迷你版还是完整版。很可能两个版本或者两者相结合都会让你受益。

7~10 分　看起来你的压力是高水平。正念可以帮助你管理压力。如果感觉压力水平有时特别高，我建议你去看医生，或者如果可以的话，尽快采取行动减轻压力源。你的医生能帮助你确认哪些症状是来自压力，或者出于其他的状况，并提供给你最好的治疗。此外，考虑做在线压力调查问卷获得更加准确的评估。参加本书所介绍的完整版正念减压课程。

反思

最近几周里你最主要的症状是什么？与一位医生或其

他健康专家交谈，为你厘清下一步最好如何做，这样会对你有帮助吗？如果你愿意，请在一张纸或电子设备上写下你的想法。

在完成本书中的全部正念课程后，再做一次测试，看看你的压力是否下降。如果没有，务必考虑继续修习正念。这个过程需要时间，但是如果你花时间进行练习，它的作用会是持久的。

> 智慧故事：你是谁？
>
> 当佛陀达到开悟的状态，人们对他的威仪很赞叹。他身上散发着一种光芒，看起来让人觉得既神秘又美丽。"你是神吗？"有人问。"不是。"佛陀回答。"你是一位圣人吗？"另外一个人问。"不是。"佛陀以一种平静的语调回答。"那么你是谁？"他们都非常好奇地问。佛陀说："我是觉者。""佛陀"这个词的实际含义是"觉醒"。

你该什么时候开始学习？

既然你已经知道自己的压力水平有多高，那么你知道在开始课程之前自己是否要去看医生，并清楚想学习哪个版本。但是，知道自己的压力水平也能帮助你明白什么时候开始学习，从而从中获得最大的利益。如果你真的不堪重负，或者在搬家之中,或者最近刚分手,也许你认为正念是最好要学的东西。可是很可能事实并非如此。这是一个时间问题。

学习正念可能成为一个有挑战性的练习,原因有三:

1. 正念是学习一种技能,而任何技能都需要付出一定的时间、精力和有一定的挑战。回想一下上一次你学习一项新技能,如画画、驾驶或养育孩子。我可以肯定它们都不是一下子掌握的。迷你版练习也许比较容易学习,但是它们也都需要一些时间。

2. 正念需要日常自律,这对一些人来说比较难遵守。回想上次你准备测试或者考试,坐下来认真学习并不总是那么容易的。

3. 正念是把注意力转向内在。虽然这么做是健康的,但是最开始它可能令人紧张不安,因为如果你最近经历很多艰难状况,并没有准备好处理那些可能在一开始会浮现出来的情绪。

我并不是想给你泼冷水。我非常希望每个人都立刻学习正念!但是,那是不切实际的。做好应对挑战的准备,以及选择合适的学习时机也是修习正念成功的关键。

所以,什么时候是完成一个正念课程的好时机呢?请参考如下几点,帮助你决定现在是不是最好的时间:

- 当你没有经历重大人生变故时。在开始学习正念前,需要人生相对稳定。如果你正在搬家、换工作,或者结束一段关系,这可能不是学习正念的最好时间。你最好集中精力厘清现实中这些事情，这样当事情更稳定些，你才有时间每天做练习。

- 当你处在相对比较好的心理状态。因为正念是一个充满挑战的实践，如果你处于抑郁症发作或高度焦虑之中，不建议你进行。如果等发作期过去，你更有可能坚持每日正念练习和完成课程。如果你精神不是最佳状态，你也许无法完成课程，也许把正念冥想的经历看成另一次失败。当你感觉有足够的精力的时候，这也增加了完成课程的概率。当然，如果你的治疗师或其他的健康专家推荐正念课程，那么他们会支持你完成这个课程。恰当合适的正念练习也许正是你所需要的。

- 当你充满压力，并准备要做出改变的时候。当然，也欢迎你就只是因为好奇而阅读本书，而不做任何的实践练习。如果你很渴望减轻压力，那么需要你完成推荐的正念练习。如果那样让你望而却步，尝试一下迷你版练习，它可以让你浅尝正念，看看这是否是你想要的。

> 我真的很喜欢学习本书中迷你版正念减压课程。在压力变得失控之前，短时间的冥想帮助我把它消灭在萌芽状态。

小诀窍： 如果在做任何练习之前，你真的就是很想阅读本书，那也是可以的。做任何你感觉合适自己的事情——我的建议仅仅是建议。你更知道什么对自己最好！

如果你觉得已经准备好尝试这个课程，但是却又感觉还没有完全准备好，也许你所需要的就是多一些激励推动。在这种情况下，也许你选择一个面授的正念课程（找到你家附近的课程）更好。在那里你可以得到来自其他团体成员的鼓励和支持，或者寻找一位教练或正念伙伴。

你将学习什么？

下面是本书正念减压课程的大纲。当你在学习的时候，这将给你这次学习之旅初步的概念。

第一周：你的正确多于错误

这一周探索无论此时生活处境多么具有挑战，你的正确比错误要多。这堂课告诉你什么是正念；学习身体扫描；认识自动导航模式——头脑在一天中大多数时候没有正念和惯性的倾向，以及关闭这种模式的方法（或者至少减弱）。

第二周：从自动反应到创造性地回应

这一周探索个人责任和对压力的诠释所起的作用。此外，再次练习身体扫描，学习正念暂停——一种简短的冥想方式；发现想法和情绪之间的关联；学习一些新方法处理带来压力的想法。

第三周：活在当下的喜悦与意义

这一周探索活在当下的真正意义。尝试扩大觉知冥想、身体扫描和正念运动，将你带回当下；学习如何享受正念步行；为什么大脑陷入故事之中，当走神的时候，如何回到当下的这一刻，并不评判自己。

第四周：理解和管理压力

了解压力的生理机制。认识正念如何帮助你减压；探索在面对不愉悦体验的时候如何保持平和宁静；继续学习更多正念运动练习。

第五周：保持坚定立场 ——回应压力

学习处理压力源的四个主要步骤。探索尊重情绪而不是与它们对抗是什么意思。这堂课继续教导一些理念有助你深化正念冥想经验。

第六周：正念沟通

探索正念和它在沟通中的作用——将正念运用在更认真地聆听和更好地表达上的不同方式。认识情绪和压力在沟通中扮演的角色，如何用正念的态度和修习来管理情绪和压力。

在第六周和第七周之间：正念日

认识进行一天的正念的原因，学习准备正念日的最好的方式。你有机会决定什么时候进行自己的一日正念，那一天练习学过的不同冥想方法；了解如何克服在那一天会出现的挑战，譬如处理加长时间练习时出现的情绪。

第七周：照顾好自己

当处于高压力水平时，照顾好自己的重要性，以及如何运用正念实践这一点。认识如何调整生活方式来减轻压力，辨认滋养的和消耗性活动，它们都会影响到你的压力水平；制订正念压力管理行动计划来化解压力；学习正念的行动步骤——在压力失控之前捕捉机会和克服挑战。

第八周：接下来的一生

最后一周是回顾反思的机会。回顾在课程中的学习，以及如何继续修习正念；带着对短期和长期都更加清晰的意图，如何制定一个更有正念的人生愿景。

小诀窍：如果阅读这些让你感觉有些压力过大，请不要担心。就只是一天学习本课程一次，一次只做一个练习。这里想表达的意思就是请友善、温柔地对待自己，而不是感觉仿佛有许多的事情要"做"。

在每一周的课程中

这是本书每一周的课程通常的内容：

1. 有一些正念冥想练习要做

2. 对这堂课主题的解释

3. 回顾正念冥想练习和主题的机会，写在笔记本上（纸质或电子设备）

4. 有一些那一周的正念家庭作业要做

如果你喜欢的话，许多将要做的练习都会提供一些稍微不同的方式。

变换形式：这个部分提供不同的练习方式。如果你想要尝试一些不同的体验的话，你可以体验这些变换形式。

深入练习：这个部分为更有冥想经验的冥想者提供深入修习的一些小诀窍。如果你在第二次阅读本书时想再次学习这个课程，你可以选择这些练习。

如何使用本书？

我建议你按照以下的方式使用本书：

1. 当你决定开始进行八周正念减压课程，当你准备好的时候，阅读第三章，了解如何才能从本课程中获得最大裨益。

2. 当你阅读每一章的时候，会有一些正念练习给你。在继续往下读之前，完成这些练习，这样能获得最大的好处。每一章可能要每周花 1~2 个小时阅读，并完成包含在每一章里的练习。

3. 你也要完成每章中给出的反思性的练习。在笔记本上或者以任何你喜欢的方式写下答案。

4. 在接下来的一周，每天一次练习正念"家庭作业"，在每章最后列表中。每天 10~30 分钟不等，取决于你的选择、当前压力水平和你的时间。

5. 完成一周的家庭作业你就准备好进入下一章的学习。

6. 无论什么原因，你没有做到至少完成每天一半的练习，那么在进入下一章学习之前，再重复那一周的练习。

小诀窍：虽然我觉得当你在阅读的时候，停下来去做练习效果最好，但是你也可以先阅读完全部章节，然后再返回前面做练习。无论什么方式，对你合适就是最好的。如果你在阅读本章的过程中或阅读完本章后已经做过这些练习，那么你肯定会更好地准备好完成本周家庭作业。

按照顺序完成课程

在正念减压课程中，有明确的理由放某些冥想方法学习在其他之前。例如，在前面几节课中，有更多的冥想引导，因为这样对初学者更加容易。每一节课不是完全独立进行的，每一课程都是建立在前面课程学习和发展的基础上。根据个人经验，有顺序的学习将让整个课程更加容易进行，从而增加你对正念的认识和理解。

下一章提供了一些额外的建议：如何从课程中获得最大收益。当你准备好了以后，请继续往下读。

第三章

从课程获得最大学习成效

> 中文里"危机"一词由两个字组成,
> 一个代表危险,另一个代表机会。
> 在一场危机中,警觉危险,
> 也发现其中的机会。
> ——约翰·肯尼迪

拉妮不遗余力地奔波于工作中,她正在为一项大型活动做准备,每天有许多电子邮件要回复。她刚刚搬了新家,并且她的先生也在出差做一个项目,她想着要为几周后加利福尼亚的度假做好准备。

太多的事情要做,而时间却只有这么一点点。拉妮的背部开始疼痛起来。这是一种熟悉的感觉。只要她的压力过大,背部就会有所反应,或许是由于肌肉过于紧绷的缘故。她知道若不及时处理,状态会变得更加糟糕。以往后背疼痛,她都要在床上躺上几周。

一年前,她参加过一次我的正念减压课程,仍然还有语音引领的冥想音频,只是没有进行规律性的冥想。她决定在上班之前再聆听身体扫描的音频引导,这样做似乎缓解了疼痛。在安静的冥想中,她意识到运动也能给予帮助。于是,每天早上她利用去车站的时间正念步行。

几周之后,后背的疼痛慢慢地开始减弱。她可以以更好的状态进入准备已久的假期,然后焕然一新地回到工作岗位。从这以后,拉妮尽量坚持每天正念练习,她认识到保持规律性的训练对自己身心健康的重要性。

正念减压课程是一个为期八周的承诺。如果你参加的是完整版课程,那么你要承诺可以在八周中每天在家练习30分钟,如果你参加的是迷你版,每天需要花10分钟时间进行练习,这应该比较轻松,与繁忙的工作相契合。八周以后,若你能感觉没有从中获得好处,可以停止练习。但是,有许多方式可以帮助你从课程中受益,最大限度地减轻压力。

每日练习的重要性

在正念减压课程中最重要的一件事情,可能就是尽可能地每天坚持练习。为什么日常践行如此重要呢?因为正念是对大脑的训练。如果你想重塑大脑,关键在于不断重复。每一次重复这个过程,在那个活动中需要参与的神经元之间的连接就会被加强。修习正念就像学习任何一种新的技能。比如说,你想学习骑自行车,如果你每一天都练习,哪怕只是10分钟而已,你很快就能学会。学会骑自行车意味着在你的大脑里塑造了一条新的神经通路,因此这项新技能对你来说变得容易起来。正如体育锻炼一样,如果想要身体健壮,不是三天打鱼两天晒网可以获得的。正念是心灵的训练,同样需要通过每日修习来实现。

例如,觉知呼吸。正念呼吸(第五章将详细介绍)是一种最简单,却又最有力量的冥想方式之一。最开始尝试这个方法,你或许会察觉自己万千的思绪在飘荡,你或许会感觉非常愤慨。然而,随着每天的坚持练习,慢慢地会感觉好一些。至少,当思绪游荡的时候,你不会再那么生气了。同时,头脑也会变得更有正念。这就意味着你或许开始更多留意周遭的环境、自己的想法和情绪,你不会再那么多地进入自动导航模式。每日正念练习训练大脑,在当下这个时刻更加有觉知和意识,而不是让自己一直跟着念头四处闲逛。没有日常练习,头脑就会回到过去旧有的习惯,它们仅仅是之前神经通路产生的影响。

或许,你觉得正念练习轻松而享受!如果是这样的话,太棒了!但是,或许你也可能发现自己面临着将正念融入生活之中的挑战。

正念的理论很简单,
但是练习起来却不容易。

以下是以前的学员们总结的一些挑战:
- 找到时间练习

- 记得练习
- 克服阻力

这里也有一些小诀窍来克服这些挑战。

找到练习时间

在学习本书中的课程时,你需要每天都练习,有两种主要的方法修习正念:

- 正念冥想。规律冥想练习,每天抽出10分钟(迷你版)或者30分钟(完整版)进行训练。
- 每日正念。在日常生活中保持正念。例如,刷牙或者步行去上班,鼓励你一次只做一件事情,并对这件事情投入全部精力。

生活中的正念关键在于记得,而不是有没有时间。我会在以后的章节中继续介绍这一点。

正念冥想需要时间。正如做任何事情一样,你都需要为其投入时间,即便是只花几分钟也能获得冥想的裨益。下面是你可以做的一些方式:

- 把正念冥想计划成清晨的第一件事情。我喜欢一醒来就练习正念。这样我不仅完成冥想而且也为接下来的一天定了基调。我的许多学生更喜欢把正念冥想当作第一件事情。

如果一大早已经安排满当,你可以稍稍早起一点来练习。这看起来有点勉强和吃力,但是冥想已被证实比睡眠更能让人休息。

- 利用一天中空闲时间练习正念。或许一天中有许多碎片时间，不需要全身心投入的事项，如等待火车、坐在巴士上、会议前等待同事到达或者在公园里等待孩子结束玩耍。这些时刻都会被轻而易举地浪费掉，在思绪中迷失了自己。相反的是，你可以利用这些时间来进行简短正念练习。

例如，如果你用火车作为上班交通工具，或许你可以在旅途中做一些冥想练习。我的一位学生，他坚持在搭乘火车上班的途中冥想，当到达公司时会感觉充满清新活力。

- 专注最高优先顺序的任务。做一个日常活动清单，将活动标记为：高、中、低优先级。放弃做低优先级活动的几分钟时间就可以练习正念。

- 把寻找时间当作一个游戏。与其把冥想认为是一项苦差事，不如把它当成一个游戏。

当开启电脑的那几分钟，你可以冥想。当步行下楼时，抓住一个正念片刻。当你找到没有期待的 5 分钟冥想，为自己感到自豪，并告诉其他人你是如何做到的。这会有助于提醒你继续留心几分钟的正念时刻。

反思

接下来要做的可以确保你找到练习正念的时间吗？在笔记本上写下一些可能性，作为提示。

找到一位正念伙伴

如果你没有在老师指导下进行正念课程,确保你能找到时间做练习的方式之一是寻找一位正念伙伴。与有正念冥想经验的人一起练习将是不错的选择。如果你能找到一位伙伴一起练习,即使一周一次,也会在很大程度上激励你。但是,尽管这个人不能与你一起练习正念,你可以让自己对他人变得更可靠,告诉对方你正在致力完成八周正念课程。当你开始怀疑自己的时候,正念伙伴可以鼓励你。

你的正念伙伴可以是你的伴侣、儿子或女儿,如果他们年龄足够大的话,或者甚至可以是你父母中的其中一位。要不然,某位朋友或者一位教练也是理想的正念伙伴人选。

当你完成本章的时候,你或许知道自己最需要什么样的帮助,正念伙伴该如何鼓励你坚持完成承诺。此外,你也可以提供如下参考准则。

正念伙伴需要:

- 一周至少联系你一次
- 询问你的正念练习进展如何
- 以积极的方式鼓励你继续练习
- 询问开放式问题,如"本周正念练习中有什么体验?"或者"正念练习的哪些方面令你感觉愉快或者有挑战?"

- 不带评判的倾听，特别是不要做出负面评价
- 在任何有机会的时候与你一起修习正念/冥想

记得练习

我的学生们最大的挑战之一是要记得练习。他们想要觉知、专注和活在当下，但是不断地忘记！这是很常见的，也是修习正念过程中的一部分。事实上，没有人是完美的正念者，在某些时刻，每个人都可能遗漏正念，迷失在白日梦、担心和焦虑之中。

让自己保持正念的最好方式就是每天的冥想练习。如果你愿意拨出一些时间每天冥想，你的大脑将得到改变，让你更有可能在一天之中活在当下。

但是，怎样你会记得练习正念呢？要记得练习，通常最佳的方式就是提前计划。提前考虑决定在哪里和什么时间进行练习。如果提前一周做计划，并决心完成承诺，你很有可能会更加保持正念。进一步提高坚持练习的比例，想一想将会阻止你去练习的所有各种不同的事情，并想出办法来克服这些困难。

你可以选择填写下面这张表格（可以在 www.guilford.com/alidina-material 下载并打印出来），有助于你决定什么时间及地点可以进行日常练习。这些一天中你想要进行练习的时间点，可以是每天一醒过来，在早餐前，在上午休息的片刻，午餐之前或之后，当你坐在火车上准备去上班或是一

下班回到家。你可以选择任何符合你时间表的时间点,只是不要选择在你感觉疲惫不堪的时候。

正念冥想练习计划表

日期	练习时间/地点	预见的困难	如何克服
周一			
周二			
周三			
周四			
周五			
周六			
周日			

保持一致:克服阻力

我们都抗拒做那些"应该"要做的事情。正念练习也类似。这样的情况也发生在我自己身上。我知道我需要修习正念,因为冥想的好处我是非常清楚地知道的。然而,有时候我依然感觉到有些抗拒。或许,你不时也会有这种感觉。

有些天,正念冥想练习或许是愉悦的体验,而在某些天却又有些痛苦。这并不意味着正念不起作用。就好比在体育馆健身一样,如果你想训练肌肉,举重训练会让肌肉酸痛。但是,这并不是说要就此结束!"啊,健身不管用",你或许会说,"把这些东西举起来好痛,一定有什么不对劲"。这就是重点。通过克服阻力,你发现新的力量。尽管你感到烦恼、疲惫或者不爽,带着正念去练习也是在克服内在阻力。尽管那不是令人愉快的,但是长期的结果还是值得的。

就我个人经验而言,转化这些内在阻力最好的方法如下面步骤:

1. 知道自己抗拒去做正念练习。心中默默念"抗拒"一词。这个标记的过程有助激活大脑中更多有智慧的部分。

2. 辨别它是哪种形式的抗拒。是这样的想法吗,如"我懒得打坐了"或者"我没有时间"或者"我感觉不想冥想"?或者它是一种感觉,如一阵反胃、皱眉头,或者胸部的紧绷感?在身体的哪里可以感受到这个情绪?

3. 认识到自己已经在练习正念了!通过觉察自己对练习的抗拒,你正在保持正念。你正在留意和接纳当下这一刻的体验,带着一份好奇。

4. 看看你是否可以如实地接纳这种抗拒。与那个感觉或想法在一起,而不是与它斗争。友好地对待自己,可以用这样的话语:"没有关系,有这种感觉是正常的。"尝试用一种抚慰的语调,在心中温柔地对自己说,就好像你正在与你关心的某个人说话一样。

5. 做几个深呼吸。感受你的吸气和呼气,无论你正在做什么,如洗碗、准备查看一封电子邮件,或者看电视。当你感受到自己的呼吸时,在脸上轻轻地露出微笑。认出它来并向那个熟悉的内在阻力微笑,知道自己在如何觉察它。

当你在练习正念冥想时感到一些阻力，或者在任何时候做其他事情有抗拒时不妨尝试这个练习。接着在笔记本上写下你的发现，从这个过程中你学到了什么。

几个月前，我开始在早晨一醒来就看手机。我看的是某个特别的邮件。但是，从那之后几周内，早上第一件事就是看手机，而不是冥想，它变成了一个习惯。为了改变这个习惯，当我留意自己这样做的时候，我继续拿着手机，做几个深呼吸，闭上眼睛，留意自己对冥想的抗拒。我继续呼吸，接着我会感到一种想冥想的愿望变得更强烈，而不是想看手机的愿望。我坐下开始冥想，知道电子邮件如果已经等了一晚上的话，毫无疑问可以再等20分钟。这是一种很好的方式，去除无益的习惯，留意抗拒，同时也是在冥想了。

将正念放在"待办事项"清单上

我不希望正念带给你更多压力。我敢肯定有许多事情已经让你倍感压力。正念不是另外一件尚待完成的事项。正念，它更多的是一系列可以融入你繁忙商务生活中的技巧。是的，抽空做正念练习很重要，但是不仅仅如此。

我遇到过许多人，他们说，"哦，我真的应该打打坐。但是，它令我很沮丧。我没有办法做是因为……"我可以看到，冥想实际上成为他们的压力之源。如果这种情况也发生在你身上，建议你停止鞭策自己，把试图努力打坐这件事停一段时间。是的，停止试图努力去做。从无休止地想要改善生活的需求中脱身而出，只是看看生活中正在发生着什么，没有应该或是必须。真的去看到在你的生活中正在发生的事情，并在经历着怎样的情绪和思绪万千，这本身就是一种冥想。对自己生活的观照，是所有冥想中最重要的一种。

正念是一种存在方式。正念提供了一种方法，让我们在完成待办事项清单时，无须疯狂地同时进行多项任务、焦虑不安或忧心忡忡。如果正念只被当作放在待办清单最前面一件等待完成的事项，那么有一些令你兴奋的内容可以学习了。

正念是一种导航生活的方式，知道生活不仅仅是完成待办事项清单。生活是如此奥妙，不是只局限在完成事情。它是在需要休息时，学会停下来；它是当你做了一些让自己愉悦的事情时，留意到心中浮现的内疚或焦虑，并且还是继续去做，因为你知道从长远来看，这会带给自己以及自己所关心的人好处；它也是在有时候什么都不干。

把正念当作所有生活经验的基础，而不是另一件要做的事情。把它看成耕耘生活的沃土，或是当你的生命之船需要靠岸停泊时的船锚。正如身体需要呼吸空气和食物滋养，同样，头脑与心灵也需要正念和自我慈爱，这样它们才能够和谐运作。这样的人生不仅压力会减小，而且也会拥有更多的喜悦和快乐。

但是，正念不仅仅是练习而已。与他人一起学习和探索正念，让整个过程保持鼓舞、新鲜并充满乐趣。

例如，如果我想激发你对烹饪的热情，我不会仅仅要你开始做饭。我会先给你几本不错的烹饪书籍，或许一本烹饪杂志，并邀请你参加当地一个课程，在那里可以向其他人学习更多相关知识。有了所有的这些因素，你对烹饪的兴趣和技术将迅速提升。

可以把正念理解为由三股绳组成：正念练习、理论学习和与他人一起探索正念。

● 正念练习：正念冥想及生活中的正念。包括扩大觉知训练、身体扫描、正念运动（如瑜伽或太极）、正念行走，甚至正念说话。

● 理论学习：阅读正念或冥想相关的书籍及正念诗歌，参加讲座或工作坊，以及聆听线上正念课程。

● 与他人一起探索正念：与某位朋友、正念团体、正念工作坊，甚至在线的形式进行。我的线上正念小组在 www.facebook.com/shamasalidina 或推特 @shamash-alidina，欢迎在那里与我打招呼和提问，我很乐意能为你提供帮助。

以上三个方面，正念练习最为重要。练习的过程将重塑你的大脑，让它变得更有正念及对压力更有韧性。但是，其他的两种方式也会帮助你持之以恒和克服练习中的惰性。

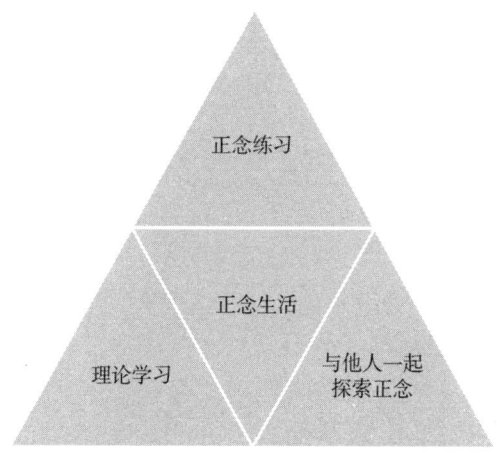

小诀窍：如果你没有时间学习正念理论知识，或者与他人一起修习，坚持做在这本书上学习到的正念练习就好了。继续回到烹饪的类比，虽然阅读更多的烹饪书籍和与有经验的朋友交流是有帮助的，但是并非必不可缺。练习烹饪才是重点。

记下练习记录

建议你在日志中记录自己的正念练习和反思。记录正念练习有以下几个方面的好处，特别是如果你是独自一人完成这本书的练习。这些好处是：

- 直接减轻你的压力：通过写下你的想法和情绪，你可以后退一步，而不陷入其中。这是正念很重要的一个面向。

写下想法和感受本身就是一种减压方式，记录日志已经被好几项研究证实可以减压。

● 辨识模式：通过在日志中规律性地记录自己的经验，你可以观察自己的行为模式。例如，当你在清晨练习正念时，你或许感觉一天中没有那么有压力。然而，下午的练习却让你感觉有些困倦。正念是观察自己和他人，通过观察而获得洞见。记录的过程本身也是一种正念练习。看清楚自己的行为模式也可以减轻压力。

● 发现解决方法：写下你的经验会帮助找到减压的解决方法。念头总是在头脑中不断地盘旋，把它们都写在纸上可以减少纷飞的思绪，让你对当前状况有一个更加清晰的视角。

我的一位客户，最近的经济衰退让他颇有压力。他经常记录自己的正念练习。每次只要来见我，他就会把练习日志递给我看，上面记录着那一周所发生的事情。在第一周里，他看起来很享受正念和练习。但是，过了几周，正念练习的次数开始减少。我问他这是为什么。他意识到每当即将有一个重要的会议要开，只要他的压力水平已上升，他就会停止正念练习，而恰恰那个时刻，他最需要

> 之前我没有尝试过写日志。我发现它有令人称奇的放松和治疗效果。任何时候只要我有时间，我就写日志，或者在我感觉有压力的时候。我做一个简短的正念会练习，然后开始写！

的是练习!他调整恢复到合理和平衡状态,并感觉好多了。现在,读到这部分,你会很明显地看出这一点。但是,如果不记录下自己的练习,你可能错过最清晰地看到自己的模式和它们之间的连结。

研究角:写走你的压力

爱荷华大学的菲利普·乌尔里希和哲学博士苏珊·吕根多夫,研究写日志对122名大学生压力水平的影响。他们要求一组学生记录下对有压力事件的想法和感受,另一组是只关注压力事件产生的感受,还有一组记录一般性的新闻事件。研究发现,记日志组的学生,被要求记录下他们的想法和情绪,培养出更多应对压力时积极正面的觉知。然而,仅仅要求写下负面情绪的那组学生,在研究调查结束的时候,反而感觉更糟糕。

那么,你准备好了吗?

既然你已知道从本书中可以获得哪些好处,并如何充分发挥其作用,感觉如何?兴奋不已?犹豫不决?焦虑不安?

你永远也不可能百分之百做好准备,对于其他课程也是如此。只能尽力而为和顺其自然。只要你有兴趣尝试这个课程,当没有处于重大人生变故之中,就尝试一次正念吧!只有真正致力于修习正念,才有可能知道会发现什么。如果练习中偶尔滑倒,那也没有问题。还记得学习走路的时候跌倒过多少次吗?犯错是任何学习过程中必不可少的。所以,试一试,看看会发生什么。请记住,如果主动提出,在这一路上有许多人愿意提供支持和鼓励你前行。当有需要的时候就请求帮助,把它当作一种勇敢的表现。祝你好运!

第四章

第一周　你的正确多于错误

比起内心的世界，我们的身前事和身后事都微不足道。

——亨利·大卫·梭罗

学习目标

- 开始学习什么是正念
- 通过正念扫描练习，开始温柔地训练注意力。了解头脑走神的习惯，并更加熟悉身体的感知
- 通过正念饮食的练习认识自动导航

当程先生第一次开始修习正念，他正因慢性疲劳综合征而痛苦不堪。他不开心，生活不尽如人意，与太太的关系趋于破裂。对于自己竭尽全力地赚钱抚养两个女儿，他感觉力不从心和充满愧疚，他感到压力重重，以至于都无法用言语来表达。

医生建议他参加一个正念减压课程。虽然他并不明白什么是正念减压，但是那个时候他愿意尝试任何方法。在课堂第一次冥想时，他感觉很费力，头脑中思绪纷飞。他觉得自己一无所获，感觉就是在浪费时间，很多次的正念冥想都以

含泪的焦虑而告终。有时候,冥想也让他感觉很生气。老师鼓励他继续坚持,告诉他复杂的情绪浮出意识表面,实际上是一件好事情,也是释放内在囤积情绪的一部分。程先生认为是这样的,一种对内心宁静的深层渴望促使他坚持下去,尽管挑战重重。

几年时间很快就过去了,程先生的生活发生了翻天覆地的改变。慢性疲劳综合征已经消失殆尽,他会定期去做复查,但是仅此而已。自从参加正念减压课程之后,他非常精进地冥想,并发自内心地喜欢上了冥想。过高的压力水平对他来说已成为陈年往事,他的家庭生活看起来也好了千百倍,他可以全身心地与孩子和太太生活在一起。程先生对活着的每一天都心生感恩!虽然,他还不确定是不是冥想带来的这种蜕变,但是可以肯定的是它在疗愈过程中起到关键作用。不用说,他成为正念减压和疗愈的铁杆粉丝。

你也许或者也许没有像程先生在最初参加正念减压课程时经受如此巨大的挑战,但是,我希望这个故事能让你感知正念的力量。也许不会像程先生那样效果显著,但是你也有可能找到一种更健康地化解压力挑战的方式,无论它们会是什么,都可以有更多的正念觉知。

所以,我想热烈欢迎你加入这趟旅程,一趟更有正念生活的旅程。如果你喜欢你所学习到的,鼓励你以任何能结合你生活方式和满足你需要的方式,无限期地继续练习下去。

在本章中，开始正念减压第一部分的课程学习。记住，有两种路径供你选择，也有两种方式学习本章。

你可以学习完整版或迷你版课程。

你可以先阅读，然后做练习（推荐这样做，但不是必须一定如此），或者你可以先阅读完本章的全部内容，了解这一章讲什么，然后返回前面做练习。

探索：奇迹正在发生

也许你阅读本书并考虑学习正念是出于不同的原因。可能你或者你心爱的人正在承受压力之苦，因为某种健康状况，如心脏病、癌症、慢性疼痛、抑郁症或者焦虑。也许压力是与你当前的处境有关，如一份要求过高的工作、考试、家庭条件或者居住空间。

伴随高压力水平和疾病而来的是一种支离破碎、受伤或被损害的感觉。但是，你仍然在呼吸。如果你正在呼吸，那么我们就有探索接下来一切的可能性。

无论你正在经历什么，
你的正确要比错误多。

你的身体可以完成一些难以置信的事情。它很好地滋养自己，精细地平衡氧气浓度，呼出体内过剩、不需要的气体。无论你感到多失败或是多心碎,你仍然可以呼吸。只要呼吸还在进行,奇迹就正在发生,它就在你的鼻子底下。

你的身体是一项即使在今天连科学家都无法全部弄清楚的工程。每一个感官感觉都如此高效、正确和敏锐地协同工作,不到它们停止工作,你不会真正地明白它们的价值。大脑被认为是已知世界最复杂的工程项目。

正念是一份邀请,邀请你往内看,邀请你发现惯性模式,以及想法与情绪的智慧。探索这些身体感受,你有可能快速对这些感受做出评判。给一些时间和空间暂时停下来,只需要片刻,用崭新的目光去观察。这是一个彻底的唤醒自己的行为。你也许发觉这趟内在旅程令你有些胆怯,因为不知道最终会在这里发现什么。但是你不要着急往前赶,只是从一点点尝试开始,一步接一步,发现最珍贵的宝藏原来离你如此近,而你却从来没有想到过。

所以,让我们一起开始吧。用一个简短却有力量的正念练习做一次小尝试。

练习:开放觉知冥想

⏱ 音频 2:10 分钟

⏱ 这是一个简短的练习让你浅尝正念的滋味。尝试做这个练习,并看看会发生什么。开放觉知冥想大约需要 10 分钟,准确的时间并不重要。记录下练习前后的压力感受,就是出于好奇。在修习正念时，好奇地去了解你的压力，而不是一心想要减轻它。

1. 找到一个舒服的姿势坐下，这样你可以保持相对静止不动。做几个深呼吸。当你吸气和呼气时，感知每次呼吸的感受。

2. 留意你看到的颜色、形状和图案，不要评判它们，无论自己喜欢还是不喜欢。你也许认出来"地毯""蚂蚁"或"我从来没有注意到这个图案"。无论有什么样的想法出现，知道它们的出现，并将注意力回到只是看着和留意这些颜色。

3. 现在，请闭上眼睛，如果可以的话，请将你的注意力放到声音上。觉知所有你听到的声音，允许声音如实地被听到。再次，你不需要有意识地去辨别这些声音——只是听到它们就可以。

4. 当注意力转向身体的感受，你不需要去寻找舒服的或者很明显的身体感受——任何你留意到的身体感受都是可以的。看看你是否可以觉察到整个身体的感觉。

5. 当你准备好的时候，如果你能做到的话，将注意力转向你的情绪。觉知你当下的感受，你的感受还是与之前一样，或者从一个呼吸到下一个呼吸有所变化呢？你能留意到这些情绪感受在身体的哪个部位吗？

6. 最后，觉知你的想法。此时此刻头脑中有什么念头出现？你正在想什么？只是留意想法来来去去，就像空中飘荡的云朵。如果你陷入一连串的思考之中，那也没关系。当你觉察的时候，从这些想法中退出来。

7. 再做几次深呼吸，结束这个练习。请慢慢地睁开眼睛，并再次留意你周围的环境。

恭喜你！这也许是你初次体验正念。这个练习很特别，因为一个练习中包含几种不同的正念冥想形式。

某种程度上，整个课程以及你将学到的一切都包含在开放觉知冥想中。它包括觉知你的呼吸、身体、所有的感官感觉和内心世界的想法、情绪，甚至觉知本身。此外没有什么你要保持觉知的了，在这个练习中都一网打尽了。

小诀窍：如果你某个时刻感受很有压力，并不确定要做哪个冥想好，那么就做开放觉知冥想吧。

反思

在这个简短的练习中你觉察到了什么？想一下你的想法、感觉、感受以及其他。

你觉得这个练习是容易或者困难？

你发现自己在评判或批评自己吗？觉得自己做得不好，你能放下这个评判吗？因为你刚开始学习这个正念课程，还是个初学者。

探索：最好的自己

当你处于压力之下，你更有可能专注在错误上。这是当有压力时，我们大脑的运作方式。大脑警觉危险，并经常高估了危险。回想上一次你看到某个很有压力的人：当事情不如意时，那个人是心平气和呢，还是过度消极、小题大做了？

我想以一种积极的心态开始这个课程是有帮助的。你也许正在经受一定的挑战，甚至都不想去想任何积极的事情。但是，我鼓励你去尝试一下。

我曾经读过由乔丹·米恩写的《赢而不输》(*Winning without Losing*)。书中说到获得事业成功，却仍然能有时间给家人、朋友和自己的兴趣爱好。乔丹回忆妈妈每天都会对他说的一句话，每天早晨，当他要去上学时，妈妈都会看着他的眼睛说：

寻找美好的事物。

然后，妈妈给他一个温暖的微笑，目送他去上学，直到消失在视线里。这句话现在已经深深地印在他的脑海里。即使当事情不尽如人意时，他也总能看到人生中美好的事物。如果你现在也希望尝试寻找人生中美好的事物，那么尝试一下接下来的练习吧。

练习：什么是最好的自己？

回答以下问题，至少每个问题有一个答案。不要把你的答案变成否定的，譬如在你写的答案后面接上"但是……"，就否定了你写下的任何积极的东西。保持诚实和务实，看你能想到什么。如果你愿意的话，把答案写在日记本上。

这个练习不是要让你戴着有色眼镜去看待人生。但是，如果你的生活中已经有很大压力，也许你正戴着一副深色眼镜呢。当你阅读本书时，你有一个选择——这个选择就是以不同的视角去看待事情。

1. 当你处于最佳状态时，你是怎样的？
2. 当你放松时，你是怎样的？
3. 现在你对生命中的什么心怀感恩？
4. 什么让你开心快乐，现在或者过去？
5. 什么让你感到振奋？
6. 你现在生活哪些方面进展还不错？

通过这个练习，你将换个角度去看自己的人生。这是管理压力的关键之一。你将在第五章学习更多这方面的知识。

探索：为什么你真的在这里？这很重要

当我带领正念减压团体时，我最先做的一件事情就是在学员之间走动，邀请他们自我介绍，如果他们愿意的话，也分享他们希望从正念中获得什么。

接下来的这个练习帮助你发现参加这个课程的最深层动机。这很重要，因为明白自己的动机有助于加强自律。当你清楚地知道自己想要从课程中收获什么，你更有可能早几分钟起床冥想。

此外，清楚地知道自己想从正念课程中有何收获，这也说明了你的意图，而意图与正念练习的品质息息相关。

美国圣克拉大学心理学副教授，肖纳·夏皮罗博士与其同事认为，正念是建立在三个方面的：意图、态度和专注。

1.意图是为什么——为什么你要修习正念。你希望从中获得什么？它对你周围的人会有什么好处？

2.态度是如何培养正念的——如，不评判、好奇和接纳。你的态度就像是在练习正念，你的观点或者心态。

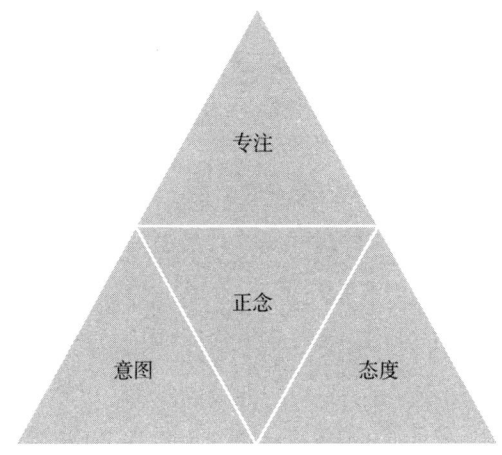

3. 专注时你注意什么——通过不断练习，培养把你的专注力建立在你的意图和态度之上。

参加课程的过程中，你将学习更多有关专注和态度的内容。接下来的海洋观想是厘清你的意图的一种方式。

练习：发现你的动机——海洋观想
音频 3：10 分钟

这个正念观想练习需要大概 10 分钟时间。如果你不需要擅长观想，做这个练习，就是尽你可能并看看会是怎样。观想的目的是更深入地了解你希望从学习和正念练习中收获什么。你也许觉得自己已经知道，那样很好。但是，做这个练习也许能有一些新的发现。

1. 让自己舒适。找到一个放松的姿势做这个练习，让自己舒服地坐在沙发上或椅子上。如果你想躺下也可以，但是尽量不要睡着了！

2. 想象一个美丽而平静的海滩。它可以是你曾经去过的一个海滩，或者你可以想象一个，你可以把想象和现实两者结合。此刻，你也许犹豫不决，"我该选择哪个海滩呢？我必须选择一个完美的海滩！"选择任何一个美丽的海滩都可以，重点不是完美的海滩，而是选择一个，然后在练习的过程中都待在这个海滩。

3. 想象你正坐在海滩上，靠近海水。你可以坐在沙滩椅上或者沙子上，以任何你喜欢的方式。

4. 留意你所看到的。当你坐在海边的时候，觉知你所看到的一切。留意天空的颜色，它是晴朗的，还是多云的？太阳正在冉冉升起，或是即将落山？海平面清晰可见吗？沿着海岸你可以看到什么？人烟稀少，还是周围还有其他人？在你坐的后面或者旁边有棕榈树或者其他树吗？你能看到悬崖峭壁吗？有鸟儿在飞翔吗，在近处还是远处？你不需要特别完美地把这些都想象出来。只是留意你可以看到的，不需要特别用力。

5. 觉知你所听到的。你能听到海浪温柔地席卷过来的声音吗？如果可以，花一点时间去倾听。微风拂过树梢的声音，或者鸟儿在上面歌唱……享受这些声音。留意这些内在的体验看或听哪个更容易？

6. 留意到味道。你也许能够闻到大海的味道，或者就是海滩上一种熟悉的味道。留意那种味道是什么样的感觉？让你的注意力安住在这个体验中一小会儿时间。

7. 留意口中的味道。可能是海水的咸味或什么也没有。

8. 觉知身体的感觉。当你平静地坐在这个美丽的海边，身体的感觉怎样？它觉得放松、紧绷，或者介于放松和紧绷之间？留意阳光伴随微风拂过你的脸庞、手臂、手指，或者双脚。这阵微风是温暖的还是凉爽的？

9. 捡起一块鹅卵石。当你坐在海边，你发现一块鹅卵石。

它代表一个问题,"我希望从正念中获得什么?"当你捡起这块鹅卵石时,你问自己这个问题。当你手中握着这块鹅卵石时,你再次问自己这个问题。"我希望从正念中获得什么?"不需要强迫自己得到答案。

10. 扔掉鹅卵石。你看了看鹅卵石,也望向大海。你可以把这块鹅卵石扔进大海,然后你就把它扔进了大海。你看见它被抛向空中,然后慢慢地落入大海。鹅卵石激起一圈圈涟漪,然后沉入大海之中。

11. 你可以跟随鹅卵石往下沉,并继续思考。看到这块漂亮的鹅卵石,越来越往下沉入大海深处,你就越深地回到自己内在,"我想从正念中获得什么?"

12. 沉思。当鹅卵石更深地下沉要靠近海底,你也更深地进入自己的内在,问自己:"我真的想从修习正念中获得什么呢?"你不需要迫使任何答案出现。你也许得到一个词语、句子、画面、感受或者感觉。你也许什么也没有得到,那也是可以的。只是看看自己能否思考这个问题,并接纳一切的发生。如果走神了,就温柔地将注意力再次带回到观想上,留意头脑中在想什么。

13. 海底。终于,你抛出去的鹅卵石沉入海底。不知怎么,你可以看到它躺在海底。你再回顾一下自己的经历。

14. 慢慢地结束观想。当你准备好的时候,可以回到海滩坐下来,看着大海。你留意到四周的景象,暂时把它放在一边,但是你知道任何时候你想都可以回到这里。现在你从内在世界回到外在世界,带着任何你希望带回来的洞见。

小诀窍: 如果你愿意,可以把这个作为日常正念练习。若你喜欢可以只做想象那一部分,省去反思那一部分。

反思

写下你在接下来的每个步骤中的觉察。记住,没有对错——任何你所体验到的都是正确的。

- 看着大海
- 倾听
- 气味
- 味道
- 触碰——身体的感觉
- 鹅卵石扔进大海的体验
- 反思问题产生的影响,"我想从正念练习中获得什么?"
- 对整个经验的其他的反思

带着观想转化你的经历

这个练习的目的是看看是否有助于你发现内在更深层修习正念的动机。你也许发现自己想要练习正念的原因是为了:

- 更加清晰
- 更深的宁静感
- 更平静
- 更加专注
- 更深层的灵性意识
- 生命中更多的喜悦
- 幸福

但是,不限于上面这些原因。

此刻你有没有答案都不要紧。通过练习正念,你的意图就会变得更加清晰。正念是接纳努力过后的结果,而不是与当下的体验抗争。所以,如果可以,请带着一种轻松的态度和一颗开放的心。

如果你又发现了练习正念更深层的意图,你可以找到一个物品、绘画或者照片来象征你的发现。例如,如果你希望通过修习正念获得一种平静感,那么你可以在卧室放上一幅画,画面上的湖泊美丽宁静,湖水水晶般清澈,被群山环绕围抱。每一次你看到这幅画,你就被提醒记得自己更深的意图。我的学员们把自己心爱之人的照片放在公司,从而提醒他们在公司也保持正念——这是一个不错的主意。练习正念时,你可能会发现记住要保持正念很不容易。任何的提醒物都是有帮助的。

探索：正念不仅仅是放松

正念不仅仅是一个放松的练习。这是要认识的很重要的一点。放松肯定是正念的一个愉快的衍生作用，但放松也许会出现，也许不会出现在任何一个正念练习中。放松是松弛肌肉的紧张，降低心跳速度。你可以通过泡热水澡放松，通过做深呼吸练习放松，或者让自己就是发发呆放松。

正念的目的不仅仅是放松。这是有充分理由的。如果你的目标是放松，那么你就会开始寻求结果。每一次如果没有获得放松，脑袋中可能开始不断有这样的想法，"为什么我不放松呢？我不能放松。我真希望脑袋能停下来！"等等。把放松或者更平静的心灵作为目标会增加压力水平。

通过放下习惯性思维模式以及对周遭世界的应激反应，正念发挥功效。头脑总是以惯性方式应对生活，这些模式是陈年旧习，有时也是消极而无益并带来压力的。

比如说，你希望你的儿子剪草坪，而他却想要看电视。你习惯性自动化思维模式也许开始想，"为什么他这么懒？他应该做更多家务活！"你的心跳开始加速。你感觉生气，开始争执，而不是与他讲道理。你的压力水平上升。

正念会采用不同的方式。正念是有关培养更高当下的觉知力。在上述案例中，你也许在反应之前暂停，留意你的愤怒在上升。几个正念呼吸，并思考用更有效的方法激励你的儿子。你也许会想起他已经忙了一整天，或者他正在看一周中他最喜欢的电视节目。你可以看到这个正念生活的过程与放松毫无关系。

通过修习正念冥想,你并不只是想要放松。你学习不再对任何升起的现象做直接反应。你学习停止对那些有挑战的人、情形和处境做自动化反应。恰恰相反,你处乱不惊,运用正念之镜做出更明智的选择和应对,而非过往旧习。以这样的方式,你的压力减少。

研究角:想要放松?那么就不要试图放松

在2007年,加利福尼亚圣迭戈大学沙米尼·贾恩和圣克拉拉大学肖纳·夏皮罗博士与其同事对正念冥想与放松训练做了对比参照。他们发现两种方式对减轻压力和改善心情都有好处。有趣的发现是正念冥想者减少负面想法循环(思维反刍),而放松训练却达不到。思维反刍加重头脑中的负面想法,却不能解决所面对的问题。此外,反刍也与焦虑和抑郁症相关。所以,通过减少反刍的思维模式,正念似乎是一个不错的方式,帮助你减轻压力。

经过长期训练,正念导向低压力水平,但是在任何给出的正念练习中,它是关于培养一种友善、温暖、关爱的觉知,而不仅仅是释放肌肉紧张,或者平复你的心灵。

> 正念不仅仅是一种放松的练习。正念教你
> 有觉知地去应对挑战性的念头、情绪、身体感受
> 或者人生境遇,而不是习惯性地对其起反应。

练习:正念地吃苹果

音频 4:10 分钟

这是一个简单的练习,我建议你可以用一块苹果尝试一下。做这个练习,你只需要坐下来,在接下来的 10 分钟里尽量不会被干扰。如果你不想吃苹果,可以用任何小块的食物替代——葡萄干、香蕉、巧克力或者一块棉花糖。

1. 首先从真正地去留意苹果的样子开始。留意苹果皮和果肉的颜色。看看果皮的纹理和颜色细微的变化,还有印痕。光线是如何从苹果表面反射出来的?触碰到这块苹果的感觉是软的还是硬的?继续看着这块苹果,你还留意到了什么?有什么样的评价从脑海中出现——喜欢和不喜欢的念头?尽你可能保持好奇心。

2. 如果可以的话请现在闭上眼睛。觉知拿着这块苹果的感觉。它有多重?把苹果放在手上是什么样的感觉?它的温度是怎样的?感觉柔软、娇嫩或者很鲜脆。当你拿着它时,手指头或手臂的肌肉感觉是紧绷的或是放松的?当你觉察的时候,慢慢来,不着急。

3. 继续保持眼睛闭上,将苹果慢慢地放到鼻子底下。留

意在哪个位置你闻到了苹果的香味。它有什么样的气味？是很浓的还是比较清香？当你闻到苹果味道，有没有刺激你的唾液分泌？你发现自己是喜欢，或者不喜欢这种味道？

4.眼睛继续保持闭着，放下手臂休息一会儿。然后，慢慢地专注地将苹果放入口中，留意是否有唾液的分泌。嘴唇轻轻地触碰到苹果，感受接触的感觉，觉知将这块苹果放入口中的感觉。慢慢地将苹果放在上下牙齿之间，留意你用的是哪部分的牙齿。你总是用这些牙齿咀嚼吗？接着慢慢地开始咬下第一口。任何的声音、味道或气味，这是一种什么体验？苹果的味道散布于整个口腔的感觉如何？当你咀嚼时，苹果的质地发生了什么变化？继续尽你可能地慢慢咀嚼，体验苹果被嚼烂吞下。

5.最后，当你吃完苹果时，留意口腔中余留的任何感受，觉知身体的感觉是怎样的。

变化形式：如果你觉得很难专注做这个练习，那么尝试标记你的体验。在心里对自己说"拿苹果""绿色""感觉冰冷""闻起来新鲜香甜"，诸如此类。在心中默默标记体验能帮助提升你的专注。

反思

现在，请回答如下问题：

1.这次吃苹果的体验怎么样？

2. 它与你平时吃苹果有什么不同？
3. 你喜欢或是不喜欢这次的体验？
4. 为什么你觉得这不是你平时吃东西的方式？
5. 你可以怎样把正念饮食融入生活中呢？

探索：自动导航模式

正念饮食是一个非常不错的练习，让你看到平时吃东西时并没有真正品尝食物，以及当停止更有觉知的饮食时会是这样。你留意到味道、气味，以及也许从来都没有注意过的体验。

你可能很忙，无法每次都像这样慢慢吃。但是当你坐下吃饭的时候，也许你能减少一心多用。那么其他的一些行为呢？你自动地走路去上班吗？陷入自己念头的世界，或者你留意过其他行人、树木、天空？你与孩子、伴侣或者朋友的互动如何？它是另外的习惯性程序吗？你对他们的举止、身体语言、语音语调及他们对你说的话都保持觉知吗？

以一种自动化方式生活会有一些问题，它导向高压力水平。

1. 突然浮现在头脑中的念头也许产生压力。例如，也许你想起某个项目需要出色地完成，因为那是你通常的做事方式。然而，以目前的时间来看，既不可能也不切实际。所以，无意识的、自动的念头可以带来压力。

2. 你也许自动地处理你的情绪。例如，你感觉有一点点紧张，对你的下一次约会，或者事实上你甚至都没有人约会。你没有安抚自己，让自己安心，或者与某个朋友聊聊，你也许开始抗拒这些情绪，或者否定它们，这导致焦虑没有必要地变得失控。

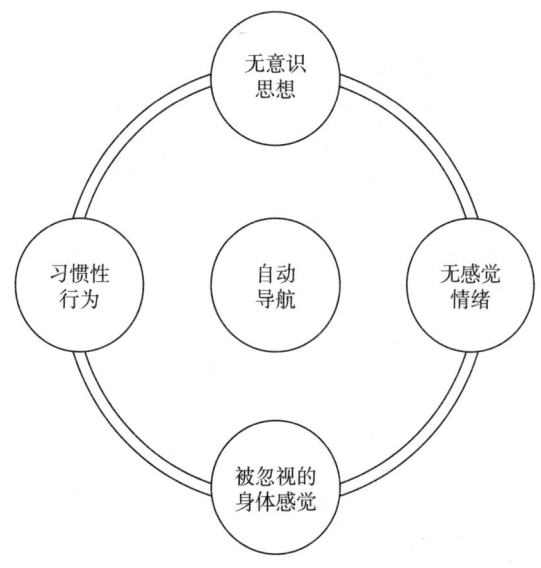

3. 你也许自动地对身体感受起反应。每一次你的身体感觉疲惫，你也许开始抱怨自己身体不健康，或是没有好好照顾自己，或者你根本就没有留意到肩膀或下巴部位的紧绷。当你一开始觉察到身体的感觉，及时采取行动，如一次简短的正念暂停都将减轻你的压力。

4. 你的行为也许导致更高水平的压力。例如，无论什么时候,你在开车时只要有人抢道,你就立即勃然大怒、开始叫骂。在你还没到达公司或者到学校接上孩子之前,这让你感觉更有压力。你处于自动导航模式,你的压力水平在增加。

所以,你以这些不同的方式活在自动的生活中。这些惯性的倾向一直在自动运行。

正念是给自己一个选择。当你有了选择,而不是对生活中的挑战自动起反应,你可以智慧地应对。我用"反应"这个词是指一种自动的像膝跳反应一样的行动或想法。我用"应对"这个词是指你做出更有考量、熟虑和觉知的选择。继续学习本课程的过程中,你将学习到更多这方面的内容。对于现在,在这节课中,你只需要认识什么是自动导航模式,如何辨别你是在自动运作,还是更有觉知与正念。

如下图所示,你可以看到,当面对人生的困难时,自动化的生活和以惯性去反应的方式让你没有选择。因为无从选择,你的念头、话语和行为将导致更高的压力水平。

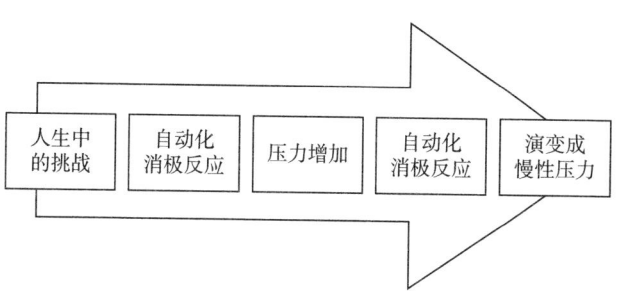

正念生活带来觉知、智慧、选择和重组平衡（见下图）。显示出一种更加正念的生活方式。

当你面对人生中的困难时，如一份高要求的工作，或者一个令人生气的搭档，保持正念，你在内在创造出一个空间，在那里你可以做出选择。那个选择可以帮助你做出明智的决定，从而带来更高的幸福感和更低的压力水平。

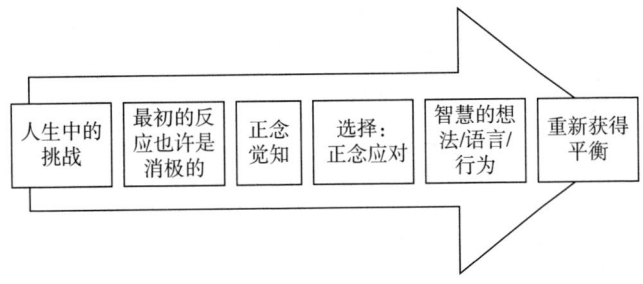

维克多·弗兰克尔，《活出生命的意义》的作者，在他那本鼓舞人心的书中有一段著名的话：

> 在刺激和反应之间有一个空间，
> 在那个空间里有我们的力量去选择我们的反应。
> 而我们的成长和自由就存在于我们的反应中。

正念是发现那个空间，并选择你的反应。

练习：没有正念我们会怎么样？

请你看看我们的大脑在日常生活中可以多么没有正念，登录 www.shamashalidina.com 观看这个幽默的视频。

练习：正念腹式呼吸

 音频5：10分钟。

这是一个非常好的简单练习，可以关闭你的自动压力反应。如果你经受压力或焦虑之苦有一段时间了，你的呼吸很有可能是以浅浅的方式进行的。以一种轻松的方式开始减轻你的压力，就是学习如何用腹部更深地呼吸。一旦你掌握了这个方法，你可以在任何记起来的时候练习。最后，它会变成一个习惯，你的呼吸会更深长，通常是用腹部呼吸，这有可能给你带来更深层的放松。

你是否见过婴儿呼吸呢？宝宝的肚子通常在吸气时膨胀，呼气时收缩。腹式呼吸是一种自然和舒适的呼吸方式。

1. 躺下。躺在地板、坐垫、地毯或者床上，如果你愿意可以闭上眼睛。将双脚放在地板上，弯曲双膝。

2. 留意你感受到的压力。如果可以，评估一下你当前的压力水平，从1到10（10代表最高水平）。

3. 松开任何紧绷的衣物，特别是靠近腰部和脖子部位，确保你的呼吸不会受到束缚。

4. 开始留意呼吸的感觉，大约1分钟时间。

5. 将一只手轻轻地放在腹部，靠近肚脐的区域。将你的另外一只手放在胸部。

6. 现在，当你自然地呼吸时，留意哪只手在移动，在腹部的还是在胸口位置的？

7. 如果你的腹部在膨胀、收缩，而不是你的胸部，你已经是在用腹部呼吸了。接下来的几分钟，继续感受腹部呼吸的感觉。

8. 如果你发现胸部在起伏，而不是腹部，你的呼吸还有改善的潜力。用腹部呼吸可以减轻你的压力感受，看看是否能在吸气时让腹部膨胀，而不是胸部。当你呼气时，看看是否可以感受到腹部的回落，而不是胸部。

9. 将双手搓热，轻轻地按摩腹部。留意腹部任何放松的的感觉。

10. 如果这样做没有效果，做一个深长的呼吸，呼气时轻柔地按压腹部，仿佛把气体从腹部挤出来一样。随着下一次吸气，你发现可以更深地吸进肺部，有一些腹部呼吸了。

11. 继续练习5～10分钟。如果在某一刻感到有些眩晕，就回到正常自然的呼吸节奏，自然呼吸，直到感觉好一些。

12. 再次觉察你的压力水平，从1到10。你感到更有压力，还是压力更小呢？记住，不要去想你要更放松，只是保持好奇和留意所发生的。

你可以在任何时候做这个练习。在你睡觉或起床之前，这都是一个很好的练习。工作或在家时,你可以坐着甚至可以站着或步行的时候做这个练习。任何时候当你感到焦虑或紧张,你都可以有意识地用腹部呼吸。

反思

对你的呼吸有什么觉察呢?正念腹部呼吸对你的压力有什么作用?

智慧故事:活在当下,更小压力的生活

最近,我在圣地亚哥的一个大会上做了一场关于正念主题的演讲。会议结束后,我有几天闲暇时间。有人告诉我应该去参观一艘航空母舰,它被改造成了一个博物馆。于是,我就和一位朋友一起去了。我把租来的车停在停车场里,然后登上那艘航空母舰。它的庞大让我赞叹不已。我们花了好几个小时走遍了整个航空母舰,并拍了不少照片。在参观结束时,我伸手摸口袋,却找不到车钥匙。我们去了失物招领处,但是他们那里没有钥匙。我回想自己走到休息舱、甲板,甚至检查了航母上的飞机,但是运气不佳,我把钥匙弄丢了!我们必须第二天坐飞机回伦敦。所有的行李和衣服都在租的车里。接着,我留意到头脑中有几个狡猾的念头闪过:"万一有人捡到钥匙把车偷走了?没有护照我怎么回家?"但是,我及时地捕捉到了这些念头,并微笑了起来。我明白担心是没有用的——它不会帮助我找到钥匙。我问附近不错的餐馆在哪里，我们走过去吃午餐，从那里俯视美丽的太平洋。很快我们就开始笑起来——在这么大的一艘航空母舰上丢了钥匙。它看起来像是世界上最大的船只！活在当下，微笑，在享受三明治和橙汁之后，我们打电话给失物招领处。好消息！有人发现了钥匙，并交给了他们。

结果这成了这趟旅行中最好的事情。它就是在显示，当活在此时此刻，你可以停止想悄悄靠近你的担心，并放下它们。即使我们没有找到钥匙，我们可以打电话给租车公司，然后拿到另一把钥匙。如果车被偷了，还有可能换新护照。对于每天会出现的问题，只有停下来反思片刻，才会有解决之道。

练习身体扫描

⏱ 音频6：10分钟

⏱ 音频7：30分钟

现在你要学习第一个主要的冥想——身体扫描。课程以身体扫描开始有几个原因。第一，因为这个冥想通常是躺着的，你不用担心后背或身体其他部位的疼痛。你可以让地面支持身体的重量。第二，练习中有许多指引，所以你不会长时间处于静默之中。作为初学者，这经常很有帮助。

那么，身体扫描如何减压呢？

- 当压力水平开始上升,你的身体经常会紧张起来,或者在身体内感受到某种情绪。身体扫描的目的是训练你的心专注身体的感觉。觉知身体将帮助你留意压力水平上升,这样你就可以采取合适的措施,而不是任由它发展直至失控。
- 身体扫描也可以放松肌肉。许多人反映在长时间练习之后,这个过程非常放松。我的一些客户把它称为"内在的按摩"。
- 习惯性、自动的负面念头是导致压力的原因之一。通过身体扫描,学习去留意并放下这些念头,将注意力回到身体。这也是管理压力的方法之一。身体扫描教你不带评判地去觉知身体。
- 通过学习正念觉知压力,感受在身体之内的焦虑,你可以转化这些情绪,而不需要以任何方式对压力起反应。
- 你也许不喜欢,或者不尊重自己的身体。那样也是有压力的。身体扫描教你成为身体的朋友——你们将永远在一起,所以你们也可以成为朋友!身体扫描帮助在你和身体之间创建一个更加积极的关系。

这个正念练习设计为 10 分钟,如果你做的是迷你版课程;或者是 30 分钟完整版。练习包括有规律的休息,将注意力从身体一个部位到另一个部位,带着不评判的好奇之心,留意那些当下的感受。

下图是身体扫描中最常见的姿势。这个姿势称为摊尸式。

这个练习是非常棒并且很轻松的方式，它能释放压力、降低血压和促进放松，有助于缓解失眠、疲倦和头痛。

小诀窍：在这个体位，请一位朋友校正你的头部位置。头部往一边倾斜是很常见的。你的朋友可以帮助你调整，小心而且非常轻柔地将头部抬起来，重新调整它的位置，让头位于两个肩膀正中，鼻子朝向天花板。

如果你有下背部不舒服，或者就是想感觉更加舒服一些，你可以向上抬起膝盖，再将双脚平放在地面上，或采取任何你喜欢的姿势，或坐在一张舒服的椅子上。

身体扫描完整版引导文

迷你版身体扫描就是每个身体部位停留少一些时间。

1.找到一个适合你做这个冥想练习的时间和地点。关闭任何潜在的干扰，确保房间温度对你而言不会太热或太冷。

2.躺在地板、坐垫或者床上，双腿伸直，双脚分开保持一点距离。

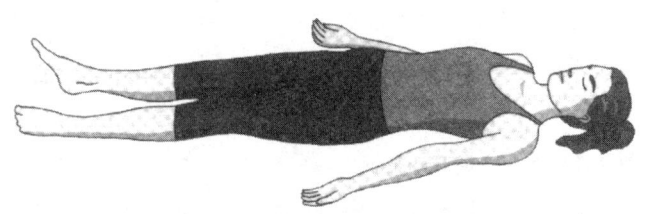

3. 留意你的呼吸。呼吸是我们还活着的重要部分，然而却经常被忽略。留意吸气的全过程和呼气的全过程，如果可以的话试着不去做评判或控制，只是留意从一个片刻到下一个片刻。如果你愿意，可以感觉一直呼吸到腹部、下腹部的位置。如果你没有任何的感觉，可以尝试将一只手温柔地放在腹部。

4. 练习身体扫描时，如果你觉得感觉或情绪太强烈，你可以将注意力转回呼吸上。你可以把呼吸想成是一个避难所，在任何感觉过于强烈的时候回到呼吸。这也许是那个时候你能对自己做的最友善和最有帮助的事情，这样做完全没有问题。

5. 当你准备好的时候，注意力回到呼吸，再往下来到你的身体、你的左脚，一路往下到左脚的大脚趾，感觉此刻。如果你没有感觉到任何反应，就去感受没有感觉，这也是可以的。接着，将你的注意力转移到小脚趾，以及脚趾之间。接着，左脚脚板和脚后跟，以及脚后跟触碰到地板的感觉。现在感受你的左脚脚踝和那个位置任何的感觉。左脚上半部分，以及里面相连的骨头、肌肉和韧带。现在，感受将左脚作为一个整体去感觉。为了帮助你培养这种觉知，你也可以想象呼吸，可以一直往下，从左脚吸入和呼出，想象或者感觉你的呼吸带着正念觉知进入左脚。如果觉得呼气和吸气对你来说没有意义，那么就放下这种方式，如果觉得可以就这样做。当你准备好的时候,让左脚所有的感觉在你的觉知中逐渐消失。

6. 当你做这个正念练习时,心里会有杂念或者陷入其他的念头之中。这完全是正常的,不要心灰意冷。正念不是没有念头。

7. 以同样的方式,将正念觉知带到你的左腿的小腿和大腿,接着右脚,然后一直往上觉知整条右腿。

8. 让注意力集中在臀部、骨盆和在这个身体部位所有敏感的器官,觉知每次呼吸时感官感觉的移动和改变。再次,想象你的呼吸能够在这个身体部位吸入和呼出,如果你觉得这样想象有帮助的话。接着,当你准备好的时候,让这一部分的身体感觉逐渐消失在你的觉知之中。

9. 继续以正念的方式扫描身体,注意力往下到你身体的下半部。觉知腹部的膨胀和收缩的感觉,任何情绪都有可能在身体这个部位出现。

10. 注意力往上到身体上半部。感受后背部位接触的感觉。感受胸部区域,胸腔在吸气和呼气时移动的感觉,你也许能感受到心脏的跳动,这是情绪化心脏的位置,连结在这里出现的任何情绪征兆或感觉。想想或者感觉呼吸进入身体的每个部位,增加你的觉知力。感受带着一种关爱和友善的态度的感觉,这是一种你看着某件珍贵的物品,或某位你珍视的人或者你喜欢的东西的方式。如果可以,反思一下自己是多么幸运，身体每个部位都在健康运转，它们让你此时此刻能不仅活着，而且还能活在当下和保持正念。

11. 带着一份友善的觉知，继续将注意力扫描整个身体，感受和接纳肩膀的感觉，包括任何还没有松懈的紧绷感。接着，将注意力沿着手臂到手掌和手指尖，用一点时间去感受手指尖微细的感觉。

12. 接着将你的觉知温柔地往上到脖子，脖子后面、喉咙和声带，然后来到面部，感受面部的皮肤以及面颊下的肌肉。从前额开始，将注意移到眉毛、眼睛、脸颊、嘴唇、牙齿、舌头、下巴、脸部两侧和耳朵。接着感受头部的重量，看看你是否可以进入头部里面感受大脑的存在，留意感觉如何。最后，感觉头顶的感觉。

13. 你已经以正念扫描了整个身体，留意一下现在的感觉。安住在这个感觉中一小会儿，无论对你来说意味着什么。

14. 现在是一个选修的部分，有一些人觉得对他们很有帮助。想象你的呼吸能上下扫过你的身体。当你呼气的时候，你可以想象呼吸向上扫过你的身体。当你呼气的时候，呼吸向下扫过整个身体。你可以感到呼吸带给身体的每个细胞的滋养和充足的氧气。这说来也许有点奇怪，但是只是试着去观想或感觉，并看看这短短几分钟会有什么样的感受。

15. 现在，放下所有想要修习正念的努力，只是安住在自己内在那份存在,安住在你本自具足的存在感中。你不需要做任何事情,不需要去任何地方,也没有任何事情需要你去完成。只是在这里。

16. 温和地恭喜自己完成了这次正念冥想练习。它做得怎么样并不要紧,重要的是你拿出时间来练习它。每一次的练习,无论你是如何评价,它都是有所裨益的。

狂野的大脑

几乎每个我遇到的学员都说心不能专注于正念练习。他们觉得自己好像做错了什么。事实是你的心是会想其他事情,最资深的冥想者也会发生这种情况,那只是你需要接纳的事实。在练习正念冥想时,这是一些你知道会发生的事情:

● 你发现,冥想时大部分时间都在想东想西。

● 尽管你很想专注于冥想,但是你感觉好像自己根本做不到。

● 你感觉好像在冥想时头脑变得更加活跃。

● 由于这些想法,你不喜欢冥想。

这些都是非常常见的感受。关键不是阻止念头出现,而是接纳它们是正念的一部分。正念是对念的觉知,然后温柔地将注意力带回关注的目标上。

把你的注意力想象成一只小狗。当你沿着一条小道遛狗时,它会自然而然地被小道旁的某个人吸引,它的注意力会被带走，它会跑出小道。一旦你注意到，你不会用力把它拉回来，那样会伤到它。相反的是，你温柔地将它带回到小道上，接着不要多久，小狗又会跑出去。那没有关系，你只是把它牵回来。以同样的方式，知道你的注意力是会走神的，温柔、友善、充满关爱地将它带回到当下专注的目标上。也许，你甚至要恭喜自己留意到心走神了，而不是批评自己。修习正念的关键是要有足够的耐心和对练习过程的信任。

变化形式：如果在身体扫描时，你总是睡着，不要担心，你可以尝试睁开眼睛，或者尝试坐在椅子上。

深入练习：在身体扫描冥想的最后，继续再练习15分钟左右。安住在开放觉知中，如扩大觉知冥想结束部分。（参考第八章）

请记住：无论你体验到什么，请继续练习。你也许睡着了，感到更焦虑，觉得无聊，发现你不能专注，或者就是感到不自在。下一次尽量让自己感到舒服，并继续练习。要知道，人类大脑天生就是非常狂野的，如果在冥想时，它把你带去了你没有计划要去的地方，那么欢迎它的到来。

对很多人来说，身体扫描不是一个容易做的练习，特别是在最开始。这一周坚持练习，带着一颗开放的心，只是保持觉察所发生的。如果你觉得这个过程挺容易，那太棒啦！

反思

1. 在身体扫描时你发现最明显的身体感觉是什么？身体的哪个部位没有感觉？

2. 你留意到头脑走神吗？你有什么样的念头呢？

3. 这个练习的感觉如何？在练习过程中有什么样的情绪出现和消失？

探索：截然不同地看待问题

思索一下目前是什么造成了你的痛苦。一位心爱之人的去世、艰辛的工作环境，或者处于经济压力之下都不是能轻松处理的。在这个正念课程中，我们根本不要你逃避或者否认问题，而是鼓励你去探索以一种截然不同的方式去看待它。

正念帮助你以不同的方式看待问题，因为：

• 你正在练习"退回一步"看的技巧，并从更大的格局去看事情。

• 你正在学习也留意其他的事情，而不仅仅是你的问题。

尝试解答下面的难题，这需要"跳出事情本身去思考"。看看你是否能用同样的方式去考虑你自己的问题，并留意所发生的，如果有的话。

1. 这代表什么？

TO CH

    U

2. 一位女士把车开到旅馆前,并立刻发现自己破产了。为什么会这样?

3. 九点拼图:

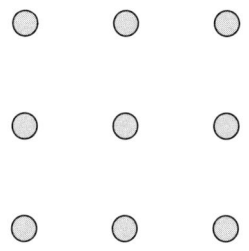

你的挑战是在上面的九点中画出四条相连的直线,需要一笔完成。每一条线的开始就是上一条线的结束。你可以从任何一个点开始。试一下吧。

给自己一些时间,不要轻言放弃。你可以在开始之前,或者在中途感到气馁时做几个正念呼吸。

答案见第102页,但是给自己至少5分钟时间尝试。最重要的是,观察你会采取哪种策略解决问题。

从这些难题中可以学到三种主要的方法。这些方法可以运用到你自己的生活挑战之中。

更智慧地工作,而不仅是更卖力

如果不停地尝试同样的策略或者方法,你未必得到答案。你需要放手当下的观点,并往后退一步。更多的努力也许只是带来沮丧,而不是解决方法。当你不断地尝试同样的方法而得不到预期的结果时，压力就产生了。运用正念，退一步，用相反的方式看待事情。许多人说更智慧地工作，而不是更卖力。正念让你以一种务实的方式养成更智慧的思维模式。

例如，有一次我真的很纠结于准备一个演讲的最后期限。尝试让它的时间与我其他日程相协调，如正念教练，还有许多的会议。我没有办法做演讲，同时做这么多事情很有压力。我做了一个简短的冥想练习，并决定寻找一个不同寻常的解决办法。答案出来了：全部重新安排我的计划。去掉那一周所有的会议，全心全意准备演讲。我完成了准备工作，并感觉更加精力充沛和欢欣鼓舞。

探索边界

认识限制解决方法有限是在你的心中人为创造的吗？如果改变这些局限会发生什么？这些限制是基于你的想象，或者它们是真实情况？清晰地认识你所设定的这些规则。正念觉知你为自己的处境所设下的限制，你能减轻压力。

当我最初开始讲授正念时，我根本不觉得自己够资格。这个想法影响了我的教学。当听完来自同学们的积极反馈并放下这个引发压力的想法，我变得更放松和更享受正念冥想的教学。现在，我已经发现了一种更加享受教学的态度：我只是确保自己在教学时很开心！如果学生喜欢并从课程中受益，那就是额外红利。这是一种更好的生活方式，似乎学员们也都很喜欢。

超越问题本身看问题

如果你不清楚问题所在,不管你多么努力,你都不会找到解决方法。尝试以不同的方式考虑你的问题。

我的一位同事她的经济状况压力很大,尽管她有几个业务,但是她很费力地支付所有的账单。她觉得自己的问题是需要支付这些账单,并因没有足够的钱而困顿。接着,在与一位朋友交谈之后,她意识到她的问题是太执着于她的业务了。她卖掉一项业务,有了更多现金流,感觉就轻松多了。由于更平静和更有创意的头脑,其他业务也开始欣欣向荣。问题不是缺钱,而是放不下。

练习:找到看待问题的新方式,把它看成挑战

现在,想一个你愿意探索的问题,并把它看成一个挑战,能够以一种新的方式得到解决。想想上面的小诀窍,写出什么是你的挑战(用你的笔记本或者就是在这里写下来),以及任何想到的新的或独特的解决方式。

问题 / 挑战:

不同看待挑战的方式:

可能的独特解决方法:

正念冥想常见问题问答

问:我做得正确吗?我怎么知道我做的是正确的?

答:只要你在做练习,那么你就做得正确。所有你要学习的都会在冥想时出现。

你所需要的就是学习信任自己。无论何时你有这样的想法,"是否我做得不对?"就只是对自己说,"想"。然后你把注意带回到你所专注的目标上。当你还是个孩子的时候是如何学会走路的呢?你只是去做,冥想也是这样的。

问:我在冥想时感到很不安。我怎样能停止这种不安呢?

答:减少咖啡因的摄入,或者减少白天其他的兴奋因素。尝试用更多正念去做日常事项,那样也许能够减少冥想时的不安感。尝试做一次短时间慢慢地散步,留意呼吸的感觉。在冥想开始之前做几次深长而缓慢的呼吸,也可以帮助你放松和安抚不安的感觉。除此之外,看看你是否可以与不安"一起工作"。这意味着在冥想时允许不安的存在。尝试留意身体的哪个部位感到最不安,带着呼吸去感受身体的感觉。对处于那个感觉之中表示兴趣,而不是尝试努力想把这种感觉去除掉，它会消失的。

问：我无法专注在身体上，我的头脑总是到处乱跑。这是怎么回事？

答：当你知道头脑在走神了，这个实际上是正念。不知道头脑走神了，那是没有正念。所以首先，记得你已经在保持正念了。其次，在冥想时，如你接下来的生活一样，你的头脑是会走神的。这是头脑的运作方式，知道头脑会走神。当你留意到的时候，将注意力带回来。这整个的过程就是正念。没有人曾经做过一个完整身体扫描冥想，或任何其他冥想没有走神的。那不可能，也不是练习的目标。当你留意到头脑在闲逛时，试着微笑。许多学生都喜爱这个练习。

问：我真的感觉很放松。这样可以吗？

答：是的，当然可以！只是不要期待每次都是放松的。有时候很放松，而有时候却没有，你只是需要将温柔的觉知放在你所专注的目标上。如果你感到放松，那么好好地享受这种放松的感觉。

问：我根本不觉得放松。为什么会这样呢？

答：放松会出现，或者不会出现。不要将放松当成是一个目标。相反，就只是尝试觉知身体的感觉，或者尽你可能地观照呼吸。冥想的利益来自觉知观照，当发现头脑走神时，一次又一次地将注意力带回来。

家庭作业：第一周

下面是这周的正念作业。最后部分的表格中列出了你需要做的练习，这取决于你做的是迷你版或完整版。

身体扫描： 每天在合适你的时间做一次身体扫描。你可能发现使用音频引导做练习更容易。

正念腹式呼吸

对于那些参加完整版课程者，这是另一个要做的练习。你只需要花 5 ~ 10 分钟，坐在椅子上，或者坐在打坐垫上，然后感受呼吸。你可以留意鼻子、胸部或腹部的呼吸，或者任何你愿意专注呼吸的位置。你的头脑会跑去其他的念头上，当你留意到走神了，将注意力带回到呼吸上。

正念助推器

在这一周的练习中，你可能会忘记要一直保持正念——它真的很容易就忘记了。与这种惯性生活自动倾向背道而驰的一种创意方式，就是正念助推器，你尽可能地以正念去操作这项活动，帮助提升你的正念觉知水平。

这周的正念助推器是正念地淋浴（或者泡澡）。要做这个练习，在淋浴之前先做几个有觉知的呼吸，设定正念的意图。你可能有自己淋浴的方式,尝试打乱一下平时的形式。如果你经常是先洗头,那么最后再洗头。改变你的方式将促进你的正念觉知。在每一刻保持正念,连结你的感官感觉:水洒落在皮肤上的声音,肥皂的香味,水的温度。感受水流冲击到皮肤的感觉,这可以是非常享受的!与其他任何冥想一样,当你察觉头脑走神时,将注意力带回到当下这一刻。

反思

记录下来每天正念冥想的体验。你也许想利用这些问题来帮助你回顾自己的体验。花些时间以这样的方式反思,将帮助你在智慧中成长,并发现自己的个人习惯和态度。

- 正念练习对你的念头、感受和身体感觉有什么作用呢?
- 在练习之前和过程中,你有多少被鼓舞的感觉?
- 在正念练习过程中你有什么发现?
- 如果有的话下次练习时可以做什么改进或调整?

第一周

天数	迷你版课程	完整版课程
1	迷你身体扫描 正念助推器	身体扫描 正念腹式呼吸 正念助推器
2	迷你身体扫描 正念助推器	身体扫描 正念腹式呼吸 正念助推器

续表

3	迷你身体扫描 正念助推器	身体扫描 正念腹式呼吸 正念助推器
4	迷你身体扫描 正念助推器	身体扫描 正念腹式呼吸 正念助推器
5	迷你身体扫描 正念助推器	身体扫描 正念腹式呼吸 正念助推器
6	迷你身体扫描 正念助推器	身体扫描 正念腹式呼吸 正念助推器

答案

1. "You're out of touch."（译者注：U 是 YOU 的缩写，在 TOUCH 中间少了 U。）

2. 她在玩大富翁游戏。

3.

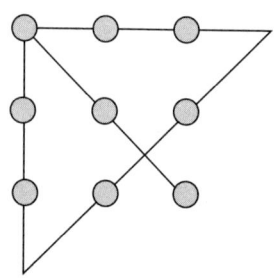

第五章

第二周　从自动反应到创意回应

> 忙碌的人不是有许多事情要做的人，
>
> 而是同时做许多件事情的人。
>
> ——阿赞·勃拉姆

学习目标

- 探索在压力中个体需要承担的责任和面对压力的不同解读
- 学习正念的暂停
- 尝试一些与充满压力念头相处的新方法

阿纳斯塔西娅是一位成功的银行家，她的工作充满压力，家庭生活也相当忙碌。她很爱她的先生和两个孩子。最近这几年，她在银行的工作并不愉快，但是这份工作可以支付账单，他们有许多的账单需要支付。她经常感觉脑袋晕乎乎的，好像总是隔着一层烟幕望过去似的。肩上的各种责任让她感觉如玩杂耍般在同时抛接好多个球，同时处理多项任务是每天都会发生的事情。忙碌不停就是她的生活方式。她印象里自己一直就是长时间地工作，几乎所有的事情都是惯性的，以一种自动导航方式进行。

一个周一的早晨，在毫无征兆的情况下，阿纳斯塔西娅第一次经历恐慌症突然来袭。这不是面试前紧张得七上八下的感觉，而更像是在悬崖边上，仿佛命悬一线。她以为自己心脏病发作了，感觉非常震惊。于是，阿纳斯塔西娅赶紧冲向医院。但是，检查结果却显示没事，她的心脏很正常。

医生解释惊恐是与高水平的压力有关系，并推荐她参加一个正念减压课程，学习如何运用正念来管理压力。阿纳斯塔西娅很乐意尝试任何的事情，以避免这种糟糕的感受再次发作。于是，她迅速报了名。

在正念减压课程中，她对身体的感觉并不多。接着，在冥想练习的时候，她开始感觉焦虑，毫无理由地哭泣。掉眼泪是正常的吗？她问。老师安慰道，在冥想的某个时刻，哭是很正常的事情。老师很友善，给予她鼓励和支持，于是她坚持了下来。阿纳斯塔西娅真的希望冥想能够管用。

在几周之内，阿纳斯塔西娅发现，正念冥想以某种方式深深地滋养着她。焦虑开始消失，她在心中找到了一种久违的宁静。

时光飞逝，几年时间过去了，阿纳斯塔西娅坚持修习正念，生活更加愉快。最大的改变是处理生活中的困难、挑战。她变得更加平静和内省，而不是不断地担心，重复过去旧有的模式。

这一章学习如何从对生活中的人事物自动反应到有觉

知地回应,并做出明智的选择,以最佳的方式面对任何的情境,正如阿娜塔西娅学会在生活中所做的一样。

在修习正念中,反应意味着没有意识到自己所做出的选择。一旦面临困境就立即采取自动地、习惯性地反射反应,这可能是争吵、大吼大叫、不断地往负面去想,或者一系列不同举措。这些反应通常都是消极的,因为你没有让大脑中智慧的那一部分有效运作。

回应意味着在任何情况下,对你的想法、语言和行为做出有觉知的选择。例如,留意到你正在评判自己很笨,并放下这个想法。觉知你感觉难过,而不与这个难过的感觉抗争,或者逃避这种感觉;或者当一位同事说一些令人受伤的话语时,花一点时间去回答他,而不是立即开始一场激烈的针锋相对。

正念是带着智慧和自我慈爱
去面对生活中的挑战。

从习惯性的反应到有意识地对生活中的挑战做出反应并不容易。但是,所需要的方法和思想转变并不是你认为的那么困难。只要有一点耐心和决心,你就能学会朝着正念迈出一小步。这每一小步就是你所需要的一切,没有更多,也没有其他。

个人责任：让你的压力处于可控范围

或许你一想到责任，压力水平就上升。压力太大的人的典型形象是承担太多责任的人。你可能承担太多工作，超出你认为自己可以处理的范围。

对自己负责是不同的。我所说的是对你自己的压力负责。如果你仅仅是责怪外在环境导致了你的压力，短期来说这样你或许能感觉好一点点。但是，这有可能让你没有采取及时的举措，而让你将来处于高压力水平之下。虽然一开始对自己的压力负责感觉有些负担，但是实际上它是减轻生活中压力的第一步。最终，阿纳斯塔西娅能够对自己的压力负责，运用正念来回应，以一种更具疗愈的方式面对她的疾病、家庭和职业生涯。

当应对一种习惯时缺乏自我承担的后果是可以想见的。例如，假设你有咬指甲的习惯。如果你认为咬指甲不过是你性格中的一部分，或者由于你的父母也咬指甲，那么你就不太可能会减少或者停止咬指甲的这个习惯，即使是你自己并不想咬指甲。只有当你认为："我要负起责任。我在咬指甲，我下定决心停止这么做。"这个时候一切才有可能。对于压力也是如此。你需要相信自己内在的力量能够很好地管理压力。

有些事情是我们无法控制的。例如，如果你面对的重大压力是心爱之人的死亡，压力水平会急剧上升，你很难改变这种状态。然而，你可以慢慢地开始改变面对压力时的反应。在接受失去心爱之人或环境改变之前，你需要允许自己经历悲伤、难过和生气的自然过程。正念让你有一个空间可以保持这个过程，你可以学习带着智慧、觉知和自我慈爱去管理压力本身。

为自己的压力负责不是因为自己感觉有压力而进行自我评判和谴责。恰恰相反，为自己负责会带来希望。当压力水平升高的时候，让你以正念的方式去辨识，并发现崭新而有力量的压力应对方式。正念鼓励你友善地对待自己，对待自己就像对待一位处于压力之下的朋友。

下面是一些正念的方法来控制你的压力：

- 记住，在生活中你总是有选择的。如果对导致压力的外部因素没有选择，那么你仍然可以选择你的态度。甚至有一些在纳粹集中营的人运用这种方式来管理压力，记得他们仍然是可以选择自己态度的。

- 修习正念。这个会展示你的念头如何影响你的感受和身体的感觉，反之亦然。因此，你可以认识到压力更多的是一种内在体验。

- 观察念头，如"我没有办法"或者"对这件事情，我无能为力"。从这些念头中退一步，而不是完全去接受或者相信它们是真的。

反思

回想一下自己某一次身处压力之下,却很好地应对压力。那一次面对压力的态度是怎样的?当你用这种态度去面对当前的压力的时候情况怎样?

解读和压力

控制对压力的反应其中很重要的就是管理对压力事件的解读。

并非每一个潜在压力事件对所有人来说都感觉有压力,诸如,你那生气的老板、发牢骚的孩子,或者堆满电子邮件的邮箱(或者甚至一直都是很个人化的)。你可以把"生气的老板"解读为"他只是今天心情不好",把孩子的抱怨当作一个正在经历的阶段,"他会渡过难关的",以及收件箱就是"这就是现代生活中的一种方式而已。当明天上午有更多时间的时候,我会整理收件箱"。

事实上,出现压力是许多因素错综交织的结果,而你对压力的解读是一个非常重要的因素。你对压力的解读决定了对压力的回应方式,有可能是感觉焦虑或者紧张,或是其他的方式。以下面的案例作为参考。

有一天，我在观看喜剧系列片。在一集中，有一个人把一条玩具蛇放在大厅地板上。当房子主人在完全不知情地打开大门的那一刻，她看到玩具蛇被吓了一跳。而她那些调皮的家人却爆发出一阵狂笑。几秒钟之内，她的恐惧变成笑声，因为她意识到那条蛇不过是一个玩具而已。这听起来仿佛是一个笨拙的例子，以此来解释对于有些人是很大的压力，而对有些人却不是。

当那位女士第一次看到蛇的影像，她认为那是真的。于是她就想，"哦，我的天啊，一条蛇！"或者可能说出更强烈的话。因为那个念头，她的压力反应开关被开启。就在一秒钟之内，压力荷尔蒙迅速上升，让她的心跳加速，肌肉变得紧张起来。

如果她继续把那条玩具蛇当作真正的蛇，她会继续感到压力和受到威胁。同样，你的压力也是如此真实。只要你把它理解成一种危险，你会持续感到压力。

这个故事说明了导致压力反应的三个步骤：

1. 感知：对情形的感知。看到地板上的奇怪东西。
2. 解读：对情形的解读。念头："一条蛇！"
3. 反应：对情形的反应。压力反应开关启动，心跳加快，吓得跳起来，紧张。

关键点在于在察觉自己有压力之前，你对压力的解读很重要。

在压力开关被开启之前,

你对这个情形的解读是认为它是有危险的。

如果看到蛇的那个人,恰好在动物园工作,她每天都会看到蛇,很有可能她不会受到惊吓。如何理解关系重大。

错觉是一个很好的例子,解释大脑是如何诠释它所经历的。看一看下面图形中间的圆形。

哪一个看起来更大呢?

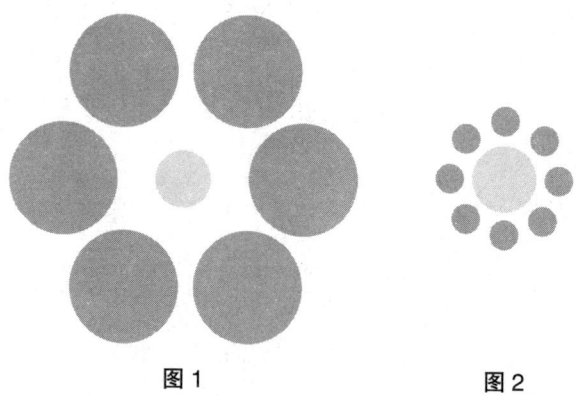

图 1　　　　　　图 2

大多数的人会说,第二个图形中间的那个圆更大。图 1 中间的圆比周围的圆相对要小,所以看起来就小一些。而图 2,旁边的圆要小一些,所以中间的圆看起来就显得大一些。我们的大脑用这种比较的方法认为图 1 中间的圆比图 2 中间的圆要小一些。

压力源并非直接产生压力。你所体验到的压力水平实际上与你的头脑相信压力源的程度相关。我并不是想减轻你真正感受到的压力，我也不是说充满压力的人生仅仅是想法的显现。但是，对压力的解读起到了很重要的作用。

莎士比亚在《哈姆雷特》中是这样说的：

世间并无善恶，全凭个人想法而定。

既然你已经知道理解是压力的根源，接下来你或许会问："为什么我会这样理解呢？为什么我会把情况理解成危险，而让自己承受没有必要的压力？"这样做其实是大脑的天性，与人类的进化历程息息相关。接下来，我会进一步解释：

负性偏向：你天生就专注于负面

如果你发现自己更加消极而不是积极，这是因为我们的大脑天生如此。这种理论被称为负性偏向，一种对更多负面经历和信息给予更多关注和偏重的倾向。

进化论被认为是其原因所在。想象一下早期的人类历史。有一些人类可能冒着危险，在丛林中狩猎寻找食物，他们不会太担心被老虎

> 在修习正念之前，我从来都不知道我的想法会影响到我的情绪。我也不知道我可以从这些想法中抽身而出。我只是对生活直接反应，并活在自动导航中。现在，我知道我是有选择的。为什么学校不教我们这些呢？

吃掉。其他的一些人类冒着最小的危险，他们的担心却更多，他们更容易有压力，灌木丛中任何可疑的声响都会激活他们的压力反应，令他们转身奔跑。他们很可能感觉更有压力和焦虑。哪一类型更有可能存活下来，从而能够繁衍子孙后代呢？很明显，是更加小心谨慎的那一族。那些冒着更小风险，记住外面潜伏着危险的人类生存了下来，他们繁衍子孙后代，而且他们的基因也世代相传。

这就是为什么在前面关于蛇的例子中，那位女士几乎立刻吓得跳起来，她的头脑立即与负面信息相连接——那是一条蛇，并迅速做出反应。这是一种内在生存机制，被称为战斗或逃跑模式（fight or flight）。（在第四周，你会阅读到更多关于这个大脑原始警报系统的生理反应。）

下面的这些例子可能表明你自然地倾向于关注负面信息：

• 早上你的车子无法启动。那天晚上，你告诉所有的朋友这件事情。你没有提及晴朗的天气，事实上你也没有出车祸，或者你的同事那天对你很友好。

• 餐馆的服务不好。你不觉得食物好吃，不觉得靠着餐馆湖边的景色宜人，不觉得那天健康状况很棒。留意在餐厅中正面体验需要有觉知力。

• 今天你感觉孤独寂寞和无精打采。你关注于自己心情低落，而不是事实上将要去乡下度周末，这令你的孩子们振奋欢欣；或者你有时间做一次让自己焕然一新的远足，如果你选择去的话。

- 拿起报纸，你很有可能更加关注负面新闻，而不是正面消息。坏消息绑架了人们注意力而更加好卖。有趣的是，1930年4月18日这一天却不是这样。英国广播公司（BBC）宣布："没有什么有价值的新闻报道"而播放钢琴曲。在当今时代，这是闻所未闻的，也给了我们一些洞见，为什么现在的压力水平比过去要高：一天24小时电视和网络上大多数都是源源不断的负面新闻。

以上这些典型的例子，只是显示我们多么容易就关注了负面经历而不是正面的。持续关注负面因素可导致压力过度累积。

研究角：大脑跟你玩的三个小把戏

脑神经科学家里克·汉森说，大脑有三种方式欺骗你，使你的压力水平提高，但这并不会提升你在现代社会的生活品质。

- 高估危险
- 低估机会
- 低估自己把握机遇的能力

这些倾向通常都不必要地增加压力水平。你可以通过正念来管理它们：

● 每当感到受威胁时，保持正念。让自己去想一想或者写下来，在那个时刻实际上一些很好的事情。这会帮助你把注意力转换到积极一面。

● 对眼前的危险保持正念，并从中把握机遇。例如，乘坐飞机或许感觉有危险，但是实际上它是最安全的一种交通方式。

● 留意你的想法，"我做不好"，并反问自己："这是真的吗？"这可能是你的负性偏好在起作用吗？回想一下，过去你认为自己无法做成却成功的事情。例如，假设你要参加一次面试，就回想一下过去的成功经验。

与大脑的解读正念共舞

大脑有一种天生关注负面信息的倾向，那么可以做些什么去改变吗？

正念冥想练习显示可以改变大脑负性偏向，甚至在短短几周的每天练习后就能重塑大脑。通过大脑扫描可以看到，从更负面、恐惧的思维到更全面、开放和乐观的日常生活方式的转变。

除了正念之外，下面还有五个主要的方面你可以努力改善。比如说，交通堵塞时坐在车里很有压力：

1. 灵活注意力及重新解读压力。正念训练大脑能够把注意力从一处转移到另一处，而不是只是关注在担心焦虑。例如，与其眼睁睁地看着塞车让你迟到，可以把它当作一个机会，聆听自己最喜爱的音乐、做几次正念呼吸，或者听一本有声书。做这些需要你有正念，能够看到负面情形，并有意识地把注意力转换到更正面的事情上。

2. 练习感恩。回想一下生活中所有顺利的事情。通过正念真正地去觉知自己的感恩之心。因此，在交通堵塞的时候，你可以想一想在你生命中五件非常顺利的事情，以及它们让你感觉良好的原因。无论你想起的是哪一位，一旦到达目的地，你甚至可以发送一条短消息、电子邮件或者打电话去感谢他们。表达感恩比只是想一想更有力量。

3. 看到全局。虽然此刻压力让你痛苦，但是从长远来看它还会起作用吗？拿交通堵塞这个例子来说，下一周、下一个月或者明年它还有影响吗？正念的一个重要面向就是退回去一步的能力，换个角度看待事情。生活中的大多数事情从来都没有看起来那么糟糕，这一点值得我们铭记于心。

4. 友善地对待自己，而不是自我强迫的完美主义。如果给自己设定一个很高的标准，你就是在让自己失败。继续用交通堵塞的例子说明，留意自己总是想要准时，你可以设定准时的目标，但是要百分之百的都准时是不可能的。以正念来应对完美主义的方式是让你自己看到每个当下的时刻。把注意力放在当下这一刻，而不是努力想要创造一个理想化的未来。这有助你慢慢放下完美主义。另一个建议是尝试完成任何任务的80%,并提醒自己结果不完美,世界也不会崩溃。

5. 留意你说的话。觉知表达自己想法时所用的语言。譬如,总是、从不、应该和必须……这都是极端想法的表现,这些都可能增加你的压力。或者反问自己,如,"这是真的吗?我总是迟到吗?"或者"为什么我要着急准时到达那里,冒着自己和其他在马路上的人的生命危险?"类似的提问在第八章有更多举例说明。

反思

任何感觉压力过大的时候,这些反思都会有助于你。现在就试试,每当感觉压力过大时就运用它们。

现在想一下你的压力来源,不是最大的压力之源,但是也是重要的事情。这给你一个机会,让你以不同方式诠释压力。如果愿意的话,可以在日志中写下来,并带着下面几个问题:

1. 目前哪些事情进展顺利?(这有可能仅仅就是有地方居住,或者今天有足够的食物。)

2. 你可以以怎样不同的方式理解这些压力?你可以把它们当成一种挑战吗?如果可以,这些挑战会带来哪些益处?

3. 几个月后,这些压力事件还会让你忧心忡忡吗?或者几年之后呢?

4.你给自己设定了很高的标准吗?相反,你能否设置完成80%?考虑做一项简单的任务,不完美地完成它。学习与不舒服的情绪共处,而不是立即应激反应。这些情绪会消失的。

记住:从这个角度去看,有些压力源可能看起来很庞大。如果某个压力源是离婚或者心爱之人身患重病,或者你本人处于这样的状况,这当然是非常有挑战的。在这些情形中,友善地对待自己,给予自己悲伤的空间以及大量的休息至关重要。你需要找到某个能够具有同理心地倾听和支持你的人。你也可能发现迷你版正念练习可以帮助你度过每一天。当一个主要的压力刚刚出现时,立刻改变你对它的理解并不合适。但是,也许你可以适时地考虑采用上述方法。

研究角:创伤后成长

斯蒂芬·约瑟夫是诺丁汉大学心理学先驱,他用二十多年的时间研究创伤幸存者。他的一些研究令人难以置信。对于大多数人,创伤性事件,如疾病、离婚、人身侵犯、丧失亲友、意外事故、自然灾害甚至恐怖主义事件,从长远来看都可能带来积极的转变。换言之,创伤性事件成为个人成长的催化剂!这并不是说创伤没有带来压力、困境、噩梦，以及其他的挑战性经历。只是在表明通常这种经历也可以导向成长，而不是失序。

约瑟夫的著作《什么不能打败我们：创伤后成长新心理学》，包括许多人在灾难之后成长的故事。他说数以百计的研究证实，创伤后30%～70%的人经验到积极的结果——创伤后成长几乎是常态。人们反馈，他们的关系变得更亲密，他们感到更成熟和智慧，也经常认识到什么对他们是真正重要的，而不是像之前认为的那样追逐地位和财富。

创伤后成长是一个非常棒的例子，许多的人重新解读压力源，从而减轻压力和对将来可能出现的压力更有韧性。

练习：对你自己的想法做出反应和回应

下面这个练习将展示大脑如何解读状况，以及当你起反应时你的理解是如何产生压力的。花一些时间想象以下场景发生在你身上。请留意在那个情形中你的想法和感觉。请给自己一点时间阅读以下文字：

想象自己在家附近的一个咖啡馆……坐下来……服务员走上跟前给你菜单……你点了一杯咖啡和一个牛角面包……服务员记下你点的东西……你等待饮品和食品送过来……5分钟过去了……10分钟过去了……还是没有任何迹象……15分钟过去，你还是没有拿到点的咖啡和面包……服务员没有任何动静……

这个时候你的脑子里出现什么想法?

你的感觉怎么样?(即难过、生气、平静、恼怒,没有受干扰、恐惧、无聊)

当我与不同的人一起做这个练习时,我得到不同的答案。但是情况都是一样的:服务员没有送来我点的东西。下面是一些可能的想法(解读)和感觉。

解读

"这个服务员讨厌我。这种情况总是发生在我身上。我应该更自信。今天运气真不好。"

感觉

难过、沮丧。

解读

"这个服务员可能真的很忙。做服务员可不是一件容易的事情。我想我还是去找他,催催我的单吧。"

感觉

平静。

解读

"典型的服务员。他真笨、太懒了,我要好好教训他一顿。让我找到他。"

感觉

生气。

留意在解读和感觉之间的模式。当你为此情形自责时,结果是心情低落和沮丧;当你责怪对方,结果是愤怒和懊恼;当你不把责任推卸给任何人,而只是接受这种情况,感觉是中性的,或者可能想弄明白原因。

从这个练习可以看出想法对感觉的形成起到一定作用。或者更准确地说,你所相信的想法真的影响你的感觉。过去,心理学家鼓励人们改变想法,从而变得更加务实。但是,一种崭新而正念的方式正在出现,帮助你应对有挑战的情绪。你需要的只是训练大脑去看清楚大脑中的想法或者解读。正念练习和冥想训练大脑回应想法和产生的情绪,而不是自动、惯性地进行反应。

下面是另一个小练习。尝试想一下:"我可以穿墙而过。"对自己重复说几次。观察头脑中的念头。你相信它是真的吗?当然不相信。所以,你根本就不会去尝试穿墙而过。同样的方式,当你留意到你的想法仅仅是一种解读而已,而并非事实本身,你学习不再给予这些想法那么高的重要性,因为不再相信它们是

> 当我由于压力而精疲力竭时,我开始阅读心灵成长自助书籍。以前我都不知道还有这类书籍存在!我认识到我的想法对自己所经历的压力起着很大的作用。现在,我对自己的想法更有觉知。一旦开始察觉压力过大,我就会做一个简单的正念练习。

真的。

> 压力并非仅仅由想法引起,
> 但是你认为想法是真实的。

反思

下一次当你感觉有压力时,留意什么导致压力产生。接着,观察什么想法正在引发压力。

写下引起压力的想法。这些想法都是真的吗?或者它们是你的解读吗?

小诀窍:身体姿势和动作也影响想法和我们的解读。体会挺直身体,轻快的步伐,面带微笑20秒,或者做10次深长而正念的呼吸。

现在,看一看你对情况的解读是否有所不同呢?这些小技巧起到什么效果?

练习:正念暂停冥想

⏱ 音频8:大约2分钟

🎧 这一周要学习一个重要的迷你冥想方法,正念地停下来。我推荐你从现在开始每天都做这个练习。

正念暂停的目的是:

- 关闭自动导航模式。这是大脑默认的惯性模式。迷你练习关闭这个模式，这样你就可以更有觉知，从而改变你对经验的反应方式。

- 对念头更有觉知。这个练习帮助你在一天之中停下来，对自己的念头更有觉知。破坏性思维模式可能引起压力，你可以留意它们，并通过这个正念练习而退回一步。

- 对压力更有觉知。通过停下来做这个迷你练习，你可以觉察自己的压力水平是怎样的。接着，你可以开始了解是什么导致了压力。暂停日常活动也可以减轻压力。

- 对身体感受更有觉知。身体像一个气压计体现着压力水平。觉知身体的感觉将帮助你了解身体内正在发生什么。例如，脖子的疼痛可能在提醒你在它发展成偏头痛之前从操作电脑的工作中暂停，休息一会儿。

- 觉察情绪。缺乏对情绪的了解本身也可能成为一个压力源。如果你感觉愤怒，你可以找到原因。如果你不知道自己为何愤怒，或许它有可能继续囤积，直到你对着身边某个人大发雷霆。

- 无论正在做什么，有能力退回一步。这个迷你冥想练习是一个退回一步的机会。然后，你可以从更大的视角去解读它。例如，如果你对即将来临的考试真的很有压力，那么这个小练习提醒你，你能做的只有尽力而为。考试很重要，但是没考好也并非世界末日。

正念暂停有3个步骤。每个步骤大约1分钟时间。

第1步：觉察身体的感觉、感受，然后觉察念头

觉察你的身体。如果无精打采的，请尝试挺直你的脊背。如果你的姿势是内收的，慢慢地舒展开胸腔。如果可以，请抬起头来，留意身体的感觉，不需要评判自己，就只是尽力而为。身体的哪一个部位是紧绷的？哪一个部位比较放松？

接着，留意你的感觉。现在你的感觉怎样？不需要评判你的感觉。只是留意这些情绪，并用一个词在脑海中默默标记，譬如悲伤、疲惫或者焦虑。

接下来，将你的注意力放到念头上。可以试着想象你的头脑就像广阔的天空，而你的念头就像来来往往的云朵。将你的念头安住在云朵上，留意它们的出现和消失。

第2步：觉知呼吸

觉察你的呼吸，自然地呼吸。留意你的呼吸，无论它在哪个位置，鼻部、胸腔或是腹部，观察一下你是否能够全然地接纳自己的呼吸。

你的呼吸是浅短的还是深长的？它是否平缓？吸气时空气的温度与呼出去时有着怎样的差别？

第3步：用呼吸连接你的身心

现在让你的注意力全然敞开。留意你的整个身体，无论坐着或是站在这里。包括你的呼吸，它也是身体其中的一种感觉。如果可以的话，体会整个身体呼吸的感觉，也许可以

尝试一下体会呼吸在你的身体上下流动,留意身体内的紧绷是否一样或者松下来。用一个温柔的微笑结束这个练习,并保持几秒钟。

想一下自己多么幸运能有时间做这个正念暂停练习,可以为自己带来健康和快乐。恭喜自己能有时间停下来。

小窍诀:用ABC来记住正念暂停的步骤。A代表对身体、念头和感受的觉知;B代表对呼吸的觉知;C代表觉知身心的连结。

变化形式:当慢慢地步行或者躺下的时候,也可以做这个正念暂停练习。

深入练习:从清楚自己做这个练习的目的开始。设置一个计时器,每天3次提醒你练习有意识地暂停。看看时间到了自己能否停下来,无论正在做什么。尝试做这个练习时不要语音引导,觉察一下它的效果如何。做的时候,看看自己是否能够保持身体完全不动,包括眨眼。保持身体挺直而放松,这个姿势很庄严。如果你有时间的话,可以把练习延长至10分钟,甚至更长。

反思

在正念暂停时,你有什么觉察?它有什么样的作用?

发现并回应你的压力信号

安吉拉在一家家具公司工作。她的工作要求很高,包括要开车去全国各地。对她来说每周开数百英里是家常便饭,有时候她一次就要离家好几天。因压力过大而精疲力竭的那一年,她开了一万多英里。

"我喜欢这份工作的东奔西跑。"她说,"虽然有压力,但是我喜欢它!"最初,她只是在工作日工作,但是随着职责的增长,她在周末也开始工作了。

安吉拉没有社交活动,但是那似乎对她也没有什么影响。后来,她找了一位男朋友。事实证明,在所有的工作中腾出时间给男朋友真的有挑战。她开始感觉压力有点大了,总是觉得昏昏欲睡。紧接着,周一的清晨,她开始没有力气起床。她的手指和脚趾动不了,但是还不只是这些,她压根没有一点力量挪动胳膊和腿。

当她想尽办法到了医生那里,安吉拉被告知她是"压力耗竭"。一开始她都不敢相信。是的,生活是充满压力,但是那是她最享受的一部分。然而,随着继续反思,她发现自己的工作和生活失去了平衡,工作占据了她全部的生活。她的生活是习惯性和自动化的,没有停下来留意生活去向了哪里。

接下来的几个月,她大部分时间都在家里睡觉。慢慢地情况有所好转。但是当情况好一些的时候,她又会对自己要求严格起来,就像之前一样。然后,以身心疲惫而被告知:

要在床上躺上好几天。

在她不得不去看医生之前，有一些征兆提示安吉拉已经承受了太大的压力：长期缺乏睡眠，不愿意与朋友和家人交际，担心的念头一直在脑海中盘旋，以及一种不断驱使着要去工作的感觉，她的身体非常紧绷。不幸的是，她没有足够的觉知留意到这些征兆，她不知道要如何觉察。

参加当地一个正念课程，练习了几个月冥想之后，她的感觉好多了。她开始对身体的需求更有觉知，她能够留意到压力的征兆。当压力上升时，在喉咙部位有一种轻微的紧绷感。这个信号就表明她要慢下来，做一个简短的正念暂停。在这之前，没有正念觉知身体感觉，她甚至都没有觉察到过这种征兆，更别说全身上下的紧张感。安吉拉觉得冥想是帮助她恢复健康的主要因素之一。

也许在安吉拉的这个故事中，你看到与本章开始讲的阿纳斯塔西娅的经历有着共性。她们俩工作都很拼命，而对自己情绪和身体的感受觉知力都不高。没有这种觉察，过高压力的危险征兆就无法被留意到。

反思

花几分钟时间回想一下，上一次你什么时候处于高压力之下，感觉压力水平很高。然后回到下面的问题，以帮助你更加清晰自己的压力。

1. 什么原因导致压力这么大？

2. 当压力开始上升时，你的身体有什么样的感觉？在身体哪个部分会感受到那种感觉（例如，紧张，紧绷感，刺痛，阵痛）？

3. 当压力水平上升太高时，你的情绪怎么样（例如，焦虑，悲伤，沮丧，害羞）？

4. 当压力水平上升太高时，你头脑中有什么念头（例如，"我没有办法合作了""为什么他要那样做呢"）？

5. 当你的压力过大时，你会如何对待其他人（例如，忽略他们，生气，逃避）？

6. 当你的压力过大时，你会怎么做（例如，休息一下，更努力工作，想睡觉，吃很多巧克力，忽略它们）？

当你学习这个课程，你会继续辨识压力开始上升直到过高，并学习处理上升的压力水平的方法。通过正念可以在它上升至过高之前进行回应。

例如，杰伊正纠结于争取得到一个新合同。他从事品牌营销行业，1月份对他来说通常是最平静的。在圣诞节所有的花销支出后，口袋就很紧张。更别说在伦敦，没有足够的钱提供房子取暖，沮丧感就不断增加。当他想到自己的处境以及接下来几周甚至可能找不到工作时，压力就不断上升。他记得自己参加过正念减压课程学习，于是他停下来，做一个有意识的暂停。没有任由压力不断增加，他及早地察觉到了自己的感受，他每天做几次这个练习。在一种更加集中心神和扎根的心境中，他续签了之前的老合同，也设法找到了工作。正如你所见，杰伊能够捕捉到压力信号，然后运用正念有效控制它。

研究角：正念可以减轻炎症从而对许多疾病起到帮助

许多的疾病与身体的慢性炎症有关，包括类风湿、关节炎、牛皮癣、肠炎和哮喘。

2013年，一项令人振奋的研究对大约60人做了对比，其中一半的人参加类似本书这样的正念减压课程，而另一半参加健康提升计划（HEP），计划中包含步行、平衡、灵活度、核心力量、营养学和音乐治疗。这项研究是由梅丽莎·罗斯克兰茨博士和她在威斯康星大学麦迪逊分校的同事共同进行，并发表于《大脑、行为和免疫力》期刊。

通过让他们做一场指定主题的5分钟现场演讲，紧接着做一个5分钟心算，两组受试者都要承受一定压力。两组人的压力荷尔蒙皮质醇都有所下降，但是参加正念减压训练的那一组炎症反应很明显地降低。这表明正念可能成为应对多种疾病的一种重要方法。

让呼吸成为你所有经验的船锚

如果你的头脑喋喋不休失去控制，感觉就像一碗沸腾的麻辣烫一样,那么请放心,你并不孤单。在这个7天每天24小时繁忙的现代社会,不断地刺激、选择和挑战鞭挞着你的思想和情感。当处于这样的一种心境,你更有可能自动化反应,并对生活中的压力源束手无策。

管理思绪的一种很好的方法就是利用你的呼吸。通过正念呼吸来应对压力听起来超级简单,但是我鼓励你在做出评判之前自己先尝试一下。通过正念呼吸锚定在当下这一刻,带来心的平静。越多地通过呼吸回到当下,它就会变得越来越容易,效果也会越来越好。

花一点时间来想象一下船锚:船锚的作用是让在大海中漫无目的行驶的船舶停下来。无论船舶开往何方,船锚都跟着它。每当船舶需要停靠,就有船员抛下船锚。

同样地,无论你去到哪里,你的呼吸都跟随着你!幸运的是,你没有办法逃离呼吸,或者一天中当你外出时把呼吸放在家里。你的呼吸分分秒秒都与你在一起。你也许忘记的是经常去留意呼吸的感觉,但是任何时候只要你想停下来,你可以集中注意力在呼吸上,就像一只船锚帮助你安住在此时此刻。

呼吸是人类充满吸引力的一部分,其中一个独特的功能就是,它可以自动进行,也可以部分地受控制。例如,心跳就不同。心脏不知疲惫地日日夜夜跳动,但是,心跳即使是几秒钟也不能停下来,然而呼吸是可以的。你也不能时不时地停止消化或者免疫系统,而呼吸既是自动进行的,也是受你掌控的。身体只有少数系统是既是自动运转,也受你控制。

放松技巧中经常会运用深呼吸。这是因为呼吸与身体负责放松的系统紧密相连。通常当呼吸放慢和加深,放松的感觉就会出现。正念呼吸有一点点不同。在正念呼吸中,你不需要控制呼吸速度或者长度。相反,仅仅把注意力放在呼吸上,不做任何评判。

智慧故事:冥想者在期末考试中取得优异成绩

这里有个故事是我从一位出家师父那里听来的。他出家之前,在英格兰一所顶尖大学学习自然科学。最后一年,他要参加期末考试,所有科目的期终考试。过去几年在大学所学的一切都将在连续6天里被测试。每天上午他要参加3个小时考试,然后下午3个小时。这真是一种痛苦的折磨!每个人都不断跟他说,他的未来就全部仰仗这些考试成绩,但这也不管用,压力非常大。那个时候,他已经学习冥想。于是,他决定每天早餐吃一顿丰盛的早餐,晚上再好好吃一顿晚餐,午餐就不吃了。不吃午餐,相反他回到家里打坐半个小时,每天都如此。一开始,关于过去考试的念头会浮现,他放下这些念头,现在想没有意义。然后对考试的担心不断增加,他又放下,担心考试也没有用。然后,他觉察到有些不可思议的事情：当他变得更加活在当下，他发现整个身体在不由自主地发抖，脑袋里都是各种念头。之前他完全没有注意到这一切。打坐的时间长一点，身体开始变得安静。那一天他发现了一些令人惊奇的事情是：由于接二连三的念头没有被留意，很可能身体承受着很大的压力。友善、关爱和正念的觉知能够让身体放松。没有这种身体的觉察，压力可以变成某种更严重的事情，比如情绪崩溃。

不用说他取得了优异成绩。实际上，他是唯一笑着参加最后一天期末考试的人，其他的人都已经身心枯竭。因此，假设你正要参加一连串考试，不妨试试这个方法吧！

练习：正念呼吸冥想

时长：10分钟

这是所有冥想方法中最简单的，或许又是最强有力的。说它简单，不是说觉知呼吸是一件容易坚持的事情，但是理论很简单，觉知你的呼吸。当你的思绪游离时，把注意力带回到呼吸上。就是这样！不需要评判或者批判或任何其他，只是觉知呼吸。尝试不要引导音频做这个练习，然后看你是怎么做的。

> 我发现正念呼吸深深地滋养着我的身心。需要花一段时间接受我的念头的游离，但是现在我爱上了正念呼吸练习，这是我最喜欢的一个练习。

1. 找到一张椅子，上身相对挺直，如果可以的话不要靠在椅子上。不要僵硬或者感觉很不舒服,但是同时不要塌腰。采取一种庄严而又舒服的坐姿(见下图)。设置一个10分钟的闹铃。如果你觉得可以的话,慢慢地闭上眼睛。

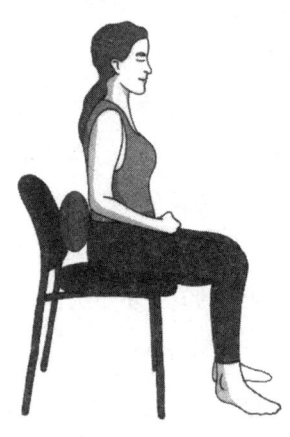

2. 做一个深长而完整的呼吸。吸气,感觉空气充满肺部,呼气。

3. 现在,让你的呼吸变得自然。留意呼吸的感觉:在你的鼻孔周围、喉咙、胸部或者往下腹部的区域,任何你觉得容易感觉到呼吸的地方。

4. 尽量保持注意力在呼吸上。

5. 每一次念头四处闲逛时,留意一下是什么样的念头。用计划、担心、回忆或者沉思做标记,或者以自己觉得合适的词语来标记这些思绪。如果愿意,可以就只是用打妄想来做标记。

6. 接着，不要评判或者自责，只是温柔地将注意力再一次带回到呼吸的感觉上。当你把注意带回来时，友善地对待自己，而不是评判自己。

7. 当计时器响起，如果它已经关了，慢慢地睁开眼睛。

变换形式：你可以站着或躺着做这个练习，看看效果如何。

深入练习：在做这个练习时，尝试保持身体和眼睛尽量不动。如果平时做练习时都是闭着眼睛，那么可以睁开眼睛，柔和地凝视下方，看看效果怎么样。如果通常都是睁着眼睛，那么就尝试闭上眼睛，尝试带着一种友爱和温暖的态度去感觉呼吸，就好像你正在看着一个小婴儿或是美丽的日落或是心爱之人。在一开始的时候就注意自己练习的意图，问问自己："我做正念练习的意图为何？"

反思

对于身体、头脑和情绪，这个练习你留意到什么？

最常见的回答是："我的思绪到处飘荡。我没有办法静下来。"记住，就像之前说过的，妄念是非常正常和自然的。正念的目标不是使头脑安静，它的目标是温和地提升你的觉知力。所以，妄念就像绊脚石，让你留意到头脑的运作模式。

觉察到头脑中妄念纷飞真的是一种积极的体验。

这是一个正念时刻。

也许你发现正念呼吸是一个特别有挑战的练习。保持对呼吸的觉察，或许会带来焦虑感，也有可能你的呼吸变得更快速或者不舒服。如果这个练习不是一个愉快的经验，那么也许你想停止练习，或者觉得做得不对。这些都是完全可以理解的。但是我要劝你坚持练习。如果因为想逃避焦虑感而不做练习，在短时间内管用，但是长期逃避自己的感受，只会让情绪更有可能返回来。如果可以友善而温和地继续与不舒服的感觉在一起，呼吸很有可能平和下来，变成一种更舒服和舒缓的体验。

小窍诀： 如果发现头脑中妄念不断，而你也觉得很沮丧，可以尝试标记每一个呼吸，帮助自己更清楚地集中注意力。你可以以三种方式来做。每次吸气的时候，默默地在心中说"吸"或"吸气"，呼气的时候"呼"或"呼气"；或者每一次吸气时说"呼吸"，呼气时说"微笑"；或者可以在第一次吸气时标记"1"，呼气时标记"2"，下一个吸气标记"3"，如此顺序，一直数到10。如果数到10，很有可能妄念又出现，又跑到购物清单或者与某人的吵架上去了。当你意识到的时候，重新从1开始数数。

反思：第一周正念体验中的发现

现在是时候回顾一下：过去一周正念练习的进展怎么样？

刚刚过去的这一周有什么发现？你做正念练习了吗？哪些是做得好的？你有正念伙伴吗？如果有，你们联系过吗？这一周里有什么是需要改进的？

注意：如果你没有做练习，不要自责。这是一个探索发生了什么的机会。有什么样的念头出现？你怎样才能鼓励自己，而不是强迫或者要求自己？

正念冥想常见问题问答

问：在做身体扫描时我经常睡着了。这样错了吗？

答：没有。这里没有对与错，无论发生什么。如果在身体扫描时经常睡着，试一下换个时间点做这个练习，并保证自己有充足的睡眠。尝试不同的姿势，比如坐着，甚至可以站着！同时，留意大脑里的想法。有时候你的头脑让你陷入昏沉，避免身体扫描的体验。但是如果你睡着了，也不用担心，最重要的是坚持练习。

问：我感到焦虑／更痛／失望／担心，该怎么办？

答：各种不同想法、感受以及身体的感觉都可能出现，成为冥想的一部分。（还记得阿纳斯塔西娅的困惑吗，当她发现自己在哭泣的时候？）这是你不能控制的。你可以控制的是如何回应它们。因此对所有这些体验带着一种好奇和开放的心态，并看看会怎样。没有任何的经验是永远持续的，观察这些体验的出现和消失。

问：在冥想过程中我哭了起来。这是为什么？

答：冥想练习中流眼泪是再正常不过的。有一些老师甚至会说，如果在冥想中落泪，那是冥想体验还不够深入。有时候，这些情绪是过往没有表达出来的情绪，或者没有完结的伤疼浮出表面。它可能让你潸然泪下，这是一种很健康的经验。友善地对待自己，可以试着将手放到心脏的位置，如果可以的话继续让眼泪流出来，这一切会过去的。

问：我感觉不到双脚／双腿／的任何感觉，这是怎么了？

答：如果不能觉察到任何感觉，那也是没有问题的，是很正常的，特别是在一开始的时候。建议就是去留意没有感觉的这样一种感觉。如果这对你来说很沮丧，你可以试着让身体紧绷一点，或者移动身体的部位，看看是否可以察觉到那种感觉。如果可以的话，就只是接纳地体验，如其所是。你也许觉得瑜伽更容易，因为当伸展身体的时候，会有更多的感觉。

问：我觉得很无聊。这种情况我该怎么办？

答：无聊是这个练习的一种常见反应。即便感觉无聊也要继续坚持。无聊仅仅是一种情绪而已，它也会消失的。试着不要对无聊的情绪起反应，而是去觉察你在身体的哪个部位感受到了它，它有多大的作用力，以及什么时候它完全消失。

当你可以接纳事实本身，那就是无聊会时不时地出现也会消失，冥想只可能"进步"。最终你会发现日常生活没有那么无聊了，冥想也是如此。

家庭作业：第二周

下面是第二周每日正念功课。

身体扫描

无论是做迷你版或完整版练习，请继续做身体扫描练习。继续用音频来引导你做这个练习。

愉悦体验

这一周记录每天体验到的"愉悦体验"。这不一定是什么大事或生活翻天覆地的改变。只是听到鸟儿在歌唱、有人为你打开门、享受美味的晚餐，或是在咖啡馆里有人朝你微笑，这都是一种快乐的经验。关键是写下你在那个时候的念头、感受和身体感觉。例如，如果在咖啡馆服务员朝你微笑，你可以这样记录："念头——她笑得真好啊。感觉——开心。身体感觉——我自己脸上面带微笑，胸口温暖和敞开的感觉。"

正念暂停

一天做 3 次正念暂停。如果你做的是迷你版,你可以一天做 1 次正念暂停。如果你决定什么时候做这个练习,很可能发现它更容易。可以在手机设置一个闹铃提醒自己记得做练习,或者是在日志上设定一个与自己的约会。

正念助推器

用相反的一只手刷牙。如果习惯用右手,那么就用左手;如果是左手,就换到用右手。就这么简单!

你或许会想,用左手刷牙怎么可能帮我减轻压力?!记住,通过在日常惯性生活的一点改变,你会变得没有那么自动化和更有正念。更多的正念带来更多的觉知,不仅是刷牙的行为,而且还有你的思维和情绪模式,它们或许都是你压力的组成部分。

第二周

天数	迷你版课程	完整版课程
1	迷你版身体扫描 正念暂停:1 次 正念助推器:换一只手刷牙	身体扫描 正念呼吸:1 次 正念暂停:3 次 记录今天的愉悦体验 记录念头、感受和身体感觉 正念助推器:换一只手刷牙

续表

天数	迷你版课程	完整版课程
2	迷你版身体扫描 正念暂停：1次 正念助推器：换一只手刷牙	身体扫描 正念呼吸：1次 正念暂停：3次 记录今天的愉悦体验 记录念头、感受和身体感觉 正念助推器：换一只手刷牙
3	迷你版身体扫描 正念暂停：1次 正念助推器：换一只手刷牙	身体扫描 正念呼吸：1次 正念暂停：3次 记录今天的愉悦体验 记录念头、感受和身体感觉 正念助推器：换一只手刷牙
4	迷你版身体扫描 正念暂停：1次 正念助推器：换一只手刷牙	身体扫描 正念呼吸：1次 正念暂停：3次 记录今天的愉悦体验 记录念头、感受和身体感觉 正念助推器：换一只手刷牙
5	迷你版身体扫描 正念暂停：1次 正念助推器：换一只手刷牙	身体扫描 正念呼吸：1次 正念暂停：3次 记录今天的愉悦体验 记录念头、感受和身体感觉 正念助推器：换一只手刷牙

续表

天数	迷你版课程	完整版课程
6	迷你版身体扫描 正念暂停：1次 正念助推器：换一只手刷牙	身体扫描 正念呼吸：1次 正念暂停：3次 记录今天的愉悦体验 记录念头、感受和身体感觉 正念助推器：换一只手刷牙

第六章

第三周　活在当下的喜悦与意义

> "今天是哪一天？"
>
> "今天是今天。"小猪皮杰答道。
>
> "我最爱的一天。"小熊维尼说。
>
> ——A.A. 米尔恩（小熊维尼编剧　译者注）

学习目标

- 发现活在当下的真正意义
- 探索正念呼吸冥想、身体扫描和正念伸展将你带回到此时此刻
- 探索如何享受正念步行
- 理解为什么头脑在故事中迷失，以及如何重返当下这一刻

大约十年前，当米格尔最初学习冥想时，他认为自己是一个精力集中，并且活在当下的人。白天他的工作是杂志编辑，晚上他为不同的网站和其他一些杂志写稿。他的心总是同时在想几件事情，他是一个"多面手"（multitasker，一心多用的人）。

他开始用正念冥想帮助睡眠。过去他有一些失眠，于是，

他在繁忙的工作日程中塞进去10分钟正念冥想，看看是否能有效果。他的睡眠时间变长，醒来的时候感觉更精力充沛。冥想是他一天之中唯一的"关机时间"。但是，他没有把正念的生活运用到生活其他面向之中。

米格尔的体重一直困扰着他，像一个悠悠球，时高时低。他经常一时兴起开始节食，运动对他而言就像军训一样。然而，在他最后一份充满压力的工作中，米格尔的体重增加了70磅，比以往都要重。这让他很震惊，无论他用多大的精力和毅力，体重还是直线上升。他感觉很恐惧、迷惑不解，也很沮丧。

有一天打坐结束后，他想："假如体重飙升是由于我们真正地留意我做的事情呢？"这对他来说是一个灵光乍现的一刻！他开始仔细地观察自己，并发现他那一刻想的完全正确。他真的几乎没有真正地品尝过吃的食物，而且所有的事情都是匆匆忙忙地完成。他参与的所有项目都是一心多用，他完全失去了与自己感觉的连结。他从来没有抬头看过天空的云朵，感受微风拂过身体，或者在意过伴侣的微笑。他与生活是分离的，过着一种惯性化、自动的、以目标为导向和关注在未来的生活。头脑中没完没了的思绪榨干了他所有的注意力。

他下定决心要活在当下，并且终止无休止的羞愧感和自我谴责，这些声音现在就可以在头脑中听到。他尝试过的所有常规的节食计划看起来就是在用自我评判作为鼓励,那有着难以置信的压力。冥想教会他从一个片刻到下一个片刻,不带评判。从他的小狗那里,他也留意到训练起效果是基于对每个小小的、好的行为做出表扬,而不是惩罚那些不尽如人意的行为。于是,他决定把同样的方法也运用到自己的生活中,停止采取不断节食和节食失败后自我惩罚的恶性循环。他要友善地对待自己,采取小而积极的方式来管理好体重,并且带着正念觉知。

当米格尔冥想时,他把意图切换到对自己的慈爱和尊重上。他值得拥有这一段时间。有了清晰的自我需求,他平衡了自我接纳,从而改变了习惯和行为。

当他变得更活在当下、与自己在一起,自然而然地也更与他的食物在一起。自动而心不在焉的饮食习惯不见了,那种几乎像孩子般活在当下的喜悦出现。他觉察到没有活在当下意味着在想吃某样东西与实际去吃之间没有空间。现在当他看到一块蛋糕时,那里有一个空间。有时间让他去想一下,然后决定怎么做;有时间做一个正念暂停,然后做出选择;也有时间表达感恩,他能第一时间就有饭吃。

最重要的是,在出现小差错的时候,米格尔不需要再在心里责怪自己。相反的是,他记得自我慈爱和活在当下更为重要,而不是为已经发生的事情斥责自己。他做一个深呼吸,回到此时此刻,然后面带微笑重新来过。他对这些压力时刻保持觉知，采取正念的行为减少它们的发生。

米格尔的体重开始下降，一磅接一磅，一周接一周。这一次以健康的速度，他减下了所有增加的体重。几年之后他的体重依然在下降，而且，他经常为那些有兴趣聆听的人分享活在当下的好处。

活在当下的意义

对米格尔而言，把注意力转到当下这一刻对帮助他管理好体重至关重要。然后，他能够觉察自己的饮食习惯，以及头脑中过分的自我评判。他选择无论节食计划是否成功都友善地对待自己。这一切都从活在当下开始。

身而为人，大脑天生是回忆过去和预测未来的，也可以连接当下这一刻。但是，在我们现代社会，活在当下并没有得到重视。人很容易成为一个不断的计划者，永远在盘算着计划：这一周、这一月、这一年，甚至未来十年。但是，现在呢？如果你不断地计划，你永远也无法抵达那一刻。这种不断地计划，但是缺乏与此刻的真正连结是很容易犯的一个错误。

下面是我最喜欢的一段引言。我把它写在布告栏上提醒自己活在当下：

首先，我渴望读完高中，开始上大学。然后，我渴望读完大学，开始工作。然后，我渴望结婚生子。

再然后，我渴望孩子长大，这样我就可以回去工作了。但是，接着我渴望退休。现在，我快要死了……突然我意识到……我忘记活着了。请不要让这件事发生在你身上。欣赏你的现状，并享受生命的每一天。

——无名氏

听起来是不是很熟悉？我不是劝告你生命的每一秒都活在此时此刻，那是不切实际和完美主义的想法。但是去找到一种更加平衡的需要。研究者发现，人们只有一半的时间专注在当下，而另一半用在过去和未来的思绪上了。因此，假设你的寿命是80岁，你要花40年的人生在昨天已经发生的或者计划、担心未来的事情上，这可是不少的时间啊。实际上，活在当下是度过在这地球上珍贵的年华最享受和最有意义的方式。我经常开玩笑说，这里有一种全新而又免费的技巧能够让你的生命加倍：它就是正念。

正念提供了一套实用的方法、练习和态度，帮助我们活在当下，并让当下这一刻成为一个更快乐和有趣的地方。毕竟，当下这一刻是唯一的这一刻，在这里你可以思考、创造、学习、成长和付诸行动。

念头不是敌人

如果你正在想,那并不意味着你没有正念。如果你有意识地选择去思维和回顾昨天已经发生的,而且知道自己正在回想昨天,这就是正念。如果你有意识地做计划和选择下个月要做什么,并且知道自己也正在这样做,这也是正念。正念的想法是对正在发生的所思所想有觉知的一种观察,不陷入思维的过程之中。

只要有时间从容不迫地思考和计划,就有时间连结自己的感觉。如果在上班,你很可能需要花大量时间思考和实施。但是如果漫步于海滩、行走在森林,或者是下班走路回家,那是要活在当下的时间。去感受柔和的微风拂过皮肤、观察院里的玫瑰花、听远处飞机的声音,以及脚下的树叶吱吱作响。

念头总是出现,然后消失,正如太阳升起和落下。你不需要与日出或日落抗争,接受这是太阳的自然现象。同样的方式,你不需要与自己的念头抗争,它是念头的自然属性,在脑海里升起、消失。在正念课程中,你学习退回一步并观察它们。

甚至评判和自责也可以是正念的。如果你觉察到心里有评判、指责或是感觉焦虑,那么你就不会迷失在那种感受之中。这就是在前面案例米格尔所做的:他觉察到自己心里是怎么批评自己的。那就是正念。然后,他采用一种更友好的方式对待自己，帮助减轻他的压力和提升幸福感，给予他力量去管理好体重。

研究角：一颗闲逛的心是不快乐的心

哈佛大学马修·基林斯沃思做了一项研究，通过智能手机跟踪了2250名志愿者的念头、感觉和行为。他发现，人们的头脑47%的时间都在闲逛。志愿者们反馈当活在当下时感觉最快乐，高水平的幸福感与低水平的压力感有关。这项研究用"一颗闲逛的心是不快乐的心"做标题，这看起来为许多东方冥想者的建议增加了进一步的理论依据：花更多时间专注在此刻正在做的事情，无论什么事情，而不是任由你的心带着你东游西逛，去任何它想去的地方。

通过学习活在当下，可以从念头中抽离，退回一步，如其所是地看着它们：念头。同时从压力中升起的焦虑感也能被看到，只是一种升起和消失的经验，正如其他所有的情绪一样。与情绪分离，能够停止对它们的直接反应和使情绪复杂化。

在一个东方哲学课堂上，我第一次学习了活在此时此刻的价值，我被它深深地吸引了！在学习正念之前，我是一个停不下来思考的人，而且还不自知。当我开车的时候、走路的时候，甚至在与人说话的时候，我迷失在念头之中。我不认为把注意力放在周遭环境或是自己身体感觉上会有任何帮助。我为什么会这样？我从来没有想过培养这种品质可以让我们充满人性，但是它是这么容易被忘记：觉知本身。我的信念是人生短暂，不要枉度。通过把所有时间用在规划未来，我会拥有更好的人生，正如我身边的那些人一样。我没有欣赏当下活着的这一刻，因为我不知道它的重要性。

生命是在当下这一刻所经历的。此时此刻，没有其他地方可以活得更令人满意。过去存在于当下这一刻，未来也将存在于当下这一刻，因此用正念让这一刻成为更全然经验的那一刻。在这一刻，为自己及那些与你接触的人，你可以做出觉知的抉择。

所有经验到的一切，每个跳出脑海的念头，

每一次旅行，每一个成功和失败，

所有的希望和梦想都发生在此时此刻。

处理一心多用的压力

让你与当下这一刻的生活失之交臂，最主要的原因是一心多用。每个人都同时处理多项任务，有的人多一些，而有一些人少一些。现代科技是鼓励这一点的。或许你一边开车一边发消息，一边吃饭一边看电视，一边打电话一边查看电子邮件。

可能出于习惯，你变成多面手，想要在更短的时间内完成更多的事情。过了一段时间，它变成了一个根深蒂固的习惯，非常难改变。昨天我的朋友告诉我，最近他才意识到，在失业后并且创业进展不佳，他每个小时要查看大约20遍邮箱和推特账号！这吸干了他的能量和专注力。他知道这让效率更低下，但是要改掉这个习惯非常困难。

什么是问题所在？

从一件事到另一件事快速地转换注意力，实际上削弱了你一次做一件事的能力。因此，越是一心多用，在将来就有更多分心的可能性。

解决方案是什么？

如果你真的一心多用上瘾，就从小的改变开始。设定一段时间，在那个期间你就只专注于手头这项工作，确保关闭任何可能性的干扰。当你一次完成一件任务的能力提高，尝试更长一点的时间。每一次心散乱的时候，只是友好地将注意力带回来，就像一次冥想。用这种方式，生活就成了冥想！

当使用电脑工作时，我在手机上设置一个30分钟的计时器。那段时间，一次只做一件事。然后花5分钟休息，进行正念伸展、喝水，或者从工作中退出来。这大大地提升了我的工作效率，而且感觉压力也小一些。每隔半个小时伸展对身体也更好。如果你不能做到每30分钟，那么尝试每隔1

个小时。

我使用电子日历和设置检查邮件和手机的次数。我只需要一天检查一次或两次，我就是这么做的。或许你的工作要求检查次数更多。把一天中最有效率的时间做最重要的事情（对我而言是上午），而回复邮件，我感觉没有什么创意，算是从需要大量思考的工作中休息一会儿（下午上半段时间）。

反思

为了帮助你决定检查消息的次数，请练习正念暂停（参考第五章），然后问自己如下问题："如果我对自己百分之百诚实，一天中我要检查消息最少是几次呢？"

在写下答案之前，给自己一些时间来思考这个问题。如果次数比现在检查的要少，通过规划检查次数，开始着手实施这个新习惯吧。结果是你的正念和专注力都将提升。

下面是几个正念使用科技设备的小诀窍。它们都是通过设置边界进行管控。

- 关闭新邮件或新消息提醒。提示音会分散你的精力，你会想要停下手头的工作去满足他人的需要，或许那并非重要的事情。如果由于工作性质不能这么做，与你的上司探讨，看看是否可以找到一个解决方法。2012年，加利福尼亚大学的研究员们做出一项调查发现，将电子邮件提醒关闭的员工心跳比未关闭的员工更低，同时增加了完成单一任务的数量。这导致更高的生产率、更健康。

- 一天中大部分时间关机。如果手机一天都开机，一天都有可能接到电话。任何人都可以干扰你的工作，如果可以的话，指定一天中某个时间段只是关注工作。

- 避免把工作带回家。如果在家里检查邮件，你还是在上班。找到时间将工作与家庭生活分开，检查工作信息将使你的压力水平增高。如果不得不在家检查消息，那么尽早检查，而不是到比较晚的时候，避免压力影响你的睡眠。

- 驾车时关闭手机。交通主管部门和其他的研究报告显示，开车打电话的危险性与酒驾一样，免提电话也不安全。正念的驾驶能够也确实在保护生命。

研究角：减少一心多用，提升效率

克里夫·纳斯在斯坦福大学对262位大学生做了一项一心多用的研究。他原以为通常多任务者比一般人能更好地完成一心多用测试。

结果恰恰相反。长期的多任务者在完成多项任务时表现糟糕！更有趣的是，甚至只给他们一项任务，他们做起来也并不高效。由此可知，修习正念，一次只做一件事情增加效率，减少压力。

身体感觉：一种活在当下的有效方式

你的心可以一次全然地关注于一件事情。活在当下最容易的方式就是觉知身体的感觉。这是因为身体总是在当下。如果把所有的注意力都放到身体的感觉上，你不会迷失在沉思昨天或者担心未来上。你不可能既陷入念头之中，又同时全然地关注身体感觉。

什么是我说的身体感觉呢？下面是一些参考：

- 疼痛
- 热或冷
- 痒、刺痛或阵痛
- 轻盈或者沉重
- 麻木
- 压力
- 尖锐或粗钝的疼痛
- 紧绷或紧张
- 完全没有感觉

这些感觉听起来或许不是能让你保持兴趣的地方。但是一旦专注于身体感觉，你会发现很多有趣的面向。

- 体验并觉察到身体的感觉总是在变化，它们是暂时的，从来都不是完全一样。感觉升起和消失，就如波浪慢慢地上升和回落。如果你有某种长期疼痛，例如，当你睡着时它们甚至消失不见，而且在白天的一些时刻，疼痛也会消失的。

许多有慢性疼痛的人发现，正念帮助他们觉察到一天之中疼痛减轻或者完全消失。

- 感受到身体的感觉可以是愉快的体验。人们通常把这个过程描述为踏实或滋养。有些人说与身体感觉连结带给他们一种完整感或圆满感。在一天之中的任何时刻，只是对身体感觉保持正念就能找到一种愉悦感。

- 身体感觉可以准确地反映当下压力水平。身体感觉与情绪状态联系紧密，几乎所有的情绪都有一个部分与身体感觉相连。连接身体感觉的情绪，人与人之间还有一些小小的差异。对你而言，焦虑也许是胃部的刺痛和肩膀的紧绷感；悲伤也许是胸部的一阵发紧和肌肉无力；开心也许是胸部的一种开阔和面带微笑，同时额头有一种放松的感觉；压力也许让你感觉到焦虑、悲伤或者愤怒。如果保持正念，你能觉察到这些身体里的感受。接着，可以决定如何更好地照顾自己。

- 发现正念似乎对身体感觉有着长期而积极的效果。例如，当你感觉到身体紧张，带着一种友善、好奇、开放而不做评判的觉知，这种紧张感通常会减轻。如果没有减轻，你也会更加接纳这种紧张感，它就不会成为困扰。有正念觉知，情绪似乎也能更有效地得到安抚。通过留意身体的不同感觉，当经验有挑战的情绪时，你不太会陷入"故事情节"之中，反而能够允许情绪的自然流动！

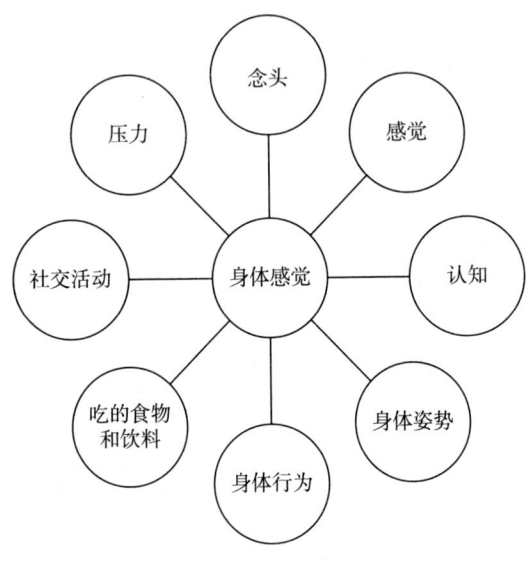

- 实际上你经历着念头如何影响着身体的感觉，更好或更糟糕。因为情绪与念头相关联，念头影响着身体感觉。当注意力落在有压力的想法上，如待做清单上所有的事项，你更有可能感觉焦虑上升，通常身体的感觉也随之而来。即便在没有冥想打坐的时候，只是在操作日常行为活动，所有的感觉都会受到念头的评价，这也影响到你的情绪以及身体感觉。就是想一下你最喜爱的食物对身体的作用吧，或者某些散发出难闻气味的东西，或者是瞥见美丽的湖边日落。

事实上，每一刻许多不同因素都在影响着身体感觉，如对上图所示，你可以看到了解身体的感觉可以给你一份"报告"反馈事情进展如何。所以,现在你明白为什么正念总是在强调觉知身体感觉了。这些在日常生活中多么有用,让你知道自己此刻感受如何,帮助你决定怎样去更好地照顾自己和减轻压力。

例如,我刚练习了正念暂停。在停下来之前,我感觉有一点头痛,并且还有工作需要完成。做完暂停练习,关注我的身体感觉,我留意到脖子后部有一股紧绷感,当我做了一个深长的呼吸同时与这种紧绷在一起时,它放松了。接着,我觉察到我的念头跑到今天下午要带领的迷你工作坊,可是我没有足够的时间准备。那点小压力正在导致焦虑和我的头痛。头痛不是由于缺水或者没有新鲜的空气,于是,现在我要准备课程,这肯定可以降低我的压力水平。这是一个如何以正念的方式减轻压力的小示范。

> 连续几周做身体扫描,当走下楼梯时,我能够感觉到自己的双脚。我知道这听起来不可思议,但是平时我不会感觉到双脚,除非脚受伤了。
>
> 与其相反的是我可以感受到自己的身体,可以说这么多年我第一次感觉这么好,就只是活着并觉知我的身体。

智慧故事:三个问题

从前有一位国王,有一天他有个有趣的想法。他想,如果他能回答三个问题,他做任何事情都不会失败了。这三个问题如下:

- 什么时候是做每件事情的最好时候?
- 什么人是最重要的共事之人?
- 什么是要做的最重要的事情?

他决定去请教一位隐士,这位隐士因智慧而闻名。国王走进森林,找到了这位隐士。隐士正在挖土,国王问了他这三个问题。但是隐士只是继续挖土。国王看到隐士又老又疲惫,于是他就帮助隐士。国王不停地挖土,直到傍晚来临。疲惫不堪的国王停下来,再次问了隐士。隐士回答道:"看,有人在跑,那是谁呢?"

一位男子奔跑着穿过树丛,他跌倒在地,腹部在流血。国王冲过去照顾他,清理并包扎伤口,又继续照看这位男子。后来,他把这位男子背到隐士的小棚屋。当太阳完全落山,天气变冷。这个时候国王已经精疲力竭,他就在那位受伤的男子旁边睡着了。

第二天早晨,国王醒来发现那位受伤的男子已经醒了,微笑着对他说:"请原谅我!"那男子说:"我原计划杀你报仇。我是你的敌人,因为你处死了我的兄弟。当我设法进入森林,我被你的一名警卫刺伤。但是,如果没有昨晚您的仁慈,我很可能没命了。原谅我,我不再是您的敌人,我是您忠实的仆人!"

国王非常高兴地听到敌人变成了朋友。

国王仍然没有问题的答案。于是,他请求隐士再一次回答他的三个问题。

隐士说:"你已经有答案了。通过正念了知我在当下的需求,并提供帮助,你遇到了受伤的男子。通过对他的友善,你将潜在的敌人变成了朋友。"

1. 最重要的时候是现在。现在是我们唯一拥有力量的时候。

2. 最重要的人是无论你和谁在一起。

3. 最重要的事情是善待与你在一起的人。

我想要补充一点,任何时候如果你是独自一人,你就是那个最重要的人,而最重要的事情就是好好地对待你自己!

练习:正念瑜伽

⏱ 迷你版:10分钟

⏱ 完整版:30分钟

音频9迷你版;音频10完整版

当你读到此处时,考虑做一些正念伸展动作和瑜伽练习。请参考第十三章瑜伽介绍,然后按照迷你版或完整版的顺序进行,这取决于选择参加的哪个课程,或者现在有时间做哪一种。或者,阅读完本章所有内容后,你可以选择其中一个练习。(如果迷你版和完整版都做,你可以知道选择哪一个作为每周练习)你也可以下载音频作为练习引导。对大多数人来说,那是最容易的方式。

练习：正念呼吸

⏱ 迷你版：10 分钟

⏱ 完整版：10 分钟

音频 12

现在，让我们用正念呼吸来结束瑜伽练习，最好是挺直地坐着。挺直的坐姿可以让意识清醒，同时让活在当下更容易一点。传统上，瑜伽伸展动作能够帮助放松身体，这样你便可以以一种舒服的坐姿练习禅坐。如果时间和空间允许，可以先做几个伸展动作，然后开始冥想练习。这个练习既在迷你版也在完整版，虽然只有 10 分钟时间。（介绍部分在第二周）

任何时候只要你感受到身体的感觉，就回到了当下这一刻。在这个简短的冥想练习中，你可以练习在 10 分钟内感受自己的身体感觉。

探索大脑的运作模式：行动模式和存在模式

慢性压力可以产生负面情绪，譬如焦虑和悲伤。当这些情绪短暂出现，没有问题。但是，如果长期存在并强度很高的话，你会发现做一些日常活动也变得困难。如何释放这些情绪呢？

要回答这个问题，你需要理解大脑的两种运作模式。过去十年里研究者们发现大脑有两种模式：行动模式和存在模式。

行动模式是大脑每天运作的一个重要模式。它包括在头脑中设定目标,并采取行动实现这些目标。积极地工作,完成待做清单上所有的事项就是行动模式的一个典型范例。

存在模式不是关于目标或改变,而是关于允许和接纳当下的现实情况。存在模式包括与自己感觉的连结。如果当你全然地处于存在模式,你不会完成任何的事项。完全集中注意力观看日落是纯然的存在模式,即便只有一小会儿。

人生中有些活动需要更多使用行动模式,而有些则需要更多的存在模式。正念让我们有能力清楚自己正处于行动模式、存在模式或是两者之中。那么,就能够从一种模式切换到另外一种(如下图所示),在使用行动模式完成目标,以及运用存在模式管理情绪,这两者之间如何进行转换。通过这种方式,可以更好地处理从压力中产生的情绪。

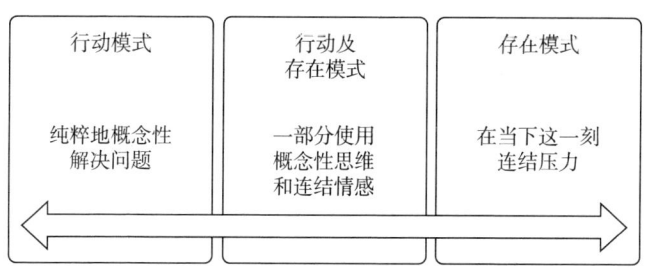

不要认为行动模式是不好的,而存在模式就是好的。对于一个完整而美满的人生,它们都需要保持平衡。

让我们来举例说明。

卡在行动模式

你在想:"我的孩子又不听话了。"你感觉焦虑。你想:"我该怎么办呢?如果接下来十年她都这么表现不好,那样我该如何应付呢?"你对孩子生气,真的想阻止她不再踢沙发。她哭了起来。你抓住她,告诉她不要再淘气,你们吵了起来。你不停地在想办法,想办法可以平息你的焦虑。

在存在模式和行动模式之间流动

你对与丈夫的关系感到焦虑,没有忽略这种感觉或是尝试改正其中的什么,你留意到腹部的感觉,你感到刺痛。你听到头脑中的声音,但是只是看着它们就像天空飘过的云朵,而不参与其中。你做一个深呼吸,留意到花园微风中树的声音,以及远方传来的飞机声。你的肩膀开始放松,这让你面露微笑。焦虑自然而然减弱,你用存在模式活在当下。

然后,你用行动模式开始思考,该做些什么来改善你与先生之间的关系——那就是今晚在你最喜欢的餐馆款待你们自己。

行动模式是完成事情。存在模式是安住和处理情绪。

并没有什么"坏"情绪,情绪只是情绪。你是一个人,而身为人就有人类天然的情绪。情绪并非总是愉悦的,想要

一直感觉开心快乐和无忧无虑是不切实际的。

你可以培养一种能力，即没有那么容易感到压力，但是这也是通过学习和接纳所有出现的情绪而获得的。

情绪不是要被解决的问题。它们可以感受到经历。

一旦不再把情绪认为都是不好的，就会变得没有那么评判和自我挑剔。情绪不再需要被修正。于是那些"为什么我会如此焦虑不安呢？""我怎么了？"的念头就不会频繁出现。而且如果它们出现了，你也不会把它们那么当真。此刻，你与自己的感受在一起，无论是什么样的情绪都接纳它，一起流动。

活在当下的另外一个好处就是转化不悦情绪的能力更强，不会再频频陷入困顿中。

正念地行走：进入存在模式的一种方式

在课堂上，我非常喜欢教大家正念行走，特别是对那些从来都没有尝试过的人。许多人对自己走路的过程了知如此之少，对于这一点他们要么觉得滑稽，要么感到惊叹。

平时走路都有一个原因：想要去某个地方，下楼倒杯水，或是去当地商店买牛奶。注意力很少放在步行本身，专注力在目的地。

正念行走不一样。当练习正念地走,注意力是在当下,而不是想要做的事情。正念行走时,下面是当下这一刻可以留意到的:

- 你的呼吸
- 你双脚的感觉
- 你双腿的感觉
- 空气在皮肤上摩擦
- 你听到的声音
- 你看到的颜色
- 气味

> 在课程中,第一次正念地行走时,感觉自己真的很笨。但是,一旦把所有的注意力都放在走路的过程而不是我的担心上,它是放松的,好像我在月球上行走!我设法全然地安住在当下这一刻,完全忘记了工作上的忧心事!

你是否曾经看过小孩子走路?他是很有正念地走着,全然地与他的感觉连结在一起。当他看见一个水洼时,对看到的色彩感到惊奇,通常会跳进去!他充满好奇、入迷而且完全不会担心自己有多么迟了。如果他看见一朵美丽的花儿,他会摘下来。如果他听到飞机飞过,他会注视、露出微笑,并发出"哇"的惊叹声。想象像那样地活着?嗯,很可能当你曾经是个孩子的时候就是那样子,至少某些时候,所以你是知道该如何那样地活着。正念是重新点燃对此时此刻的热情。这是令人振奋的,不是吗?

练习：正念步行

⏱ 迷你版：5分钟

⏱ 完整版：10分钟

音频11

这个练习需要5～10分钟。作为正念步行初学者，我建议一开始非常慢速地走，在你觉得舒服和有感觉的某个地方进行。大多数的人选择在家，或者在院子里。下面是正念步行的操作方法：

1. 设定意图。首先，非常清楚地知道自己在接下来的5分钟左右时间里，要把全部的精力都放在正念步行上，确保减少任何潜在的干扰。

2. 做3个深长而正念的呼吸。这个小仪式帮助向大脑传达一个信号，现在要开始做正念练习了。深呼吸也有助于减轻身体的压力反应。

3. 站直。开始的时候，你只需要站直身体。如果身体能保持平衡，可以闭上眼睛一小会儿。觉察一下身体是紧张的还是放松的；留意在双脚上身体的重量，重量从左到右、从前到后移动，从而找到一个中心平衡的点，将身体的重量均匀地分布在两只脚上。

4. 提起、跨前、放下。当开始行走的时候，这个过程有三个步骤：提起一只脚、向前跨出去、放下脚。然后将提起、跨前和放下的动作换到另一只脚。留意提起、跨前和放下的

全过程。这样走的时候,你甚至可以对自己说:"提起、跨前、放下。"(在心里默默地标记,不出声。译者注)

5. 当妄念升起,请停下来。与其他的冥想方法一样,心会四处游荡,这是体验的一部分。当留意到心陷入念头之中,停下来。做 3 个正念深呼吸,然后重新开始。

6. 停下及转身。当走到房间或是院子的一端,停下来。花点时间留意自己的情绪,还有身体的感觉如何。然后缓慢地转过身,体会转身的这个过程。留意所有不同的肌肉用力,以及是如何扭转身体的。

7. 结束练习。再做 3 个深长的正念呼吸结束这个小练习。看看现在是否可以正念地去做接下来任何要做的事情,投入全部的注意力。这是一个正念地从一件事情转换做另外一件的例子。

小诀窍:开始的时候要慢,但是记住,正念并不等同于慢。当在快速旋转的时候,也可以修习正念。

当在房间中、院子或是公园里练习,如果是以圆形的方式行走,无须停下来或转身。

当在日常生活中外出散步时,只需要把注意力放在一个方面。可以是你的双脚、呼吸或者是优美的环境。你喜欢的都可以!正念行走没有规则,只要注意力是在当下,去体验任何敞开的经验吧!

深入练习:看看能否再慢一点。每走一步花两倍的时间,看你还能注意到什么。也许你会观察到心跳频率是如何改变的,以及在行走时有不同的肌肉用力,譬如背部肌肉。此外,还可以体验一下,增加面带微笑,看看会有什么效果产生。

正念行走常见问题问答

问:在行走时失去平衡。我该怎么办?

答:首先,保持眼睛睁开。有些人错误地认为需要闭着眼睛,但是不需要那样。如果因为走得很慢而失去平衡,这是很常见的。试着在一面墙旁边正念行走,当你很有正念地行禅时,就不会跌倒。这很重要。一旦多次练习,你就会感觉好多了。你的大脑重新学习慢速地行走。

问:我被注意到的和看到的所有事物带跑了。救命!

答:当在外面正念行走的时候,许多人都有这个问题,因为外面有太多的东西可以看了!试着关注在某件简单的事情上,譬如脚步接触地面的感觉。行走的时候,当你的注意力被其他感觉带走,只需温柔地将觉知带回到脚板下。

问:当我轻快地步行去上班时可以正念行走吗?

答:可以!当快速步行的时候,你无法留意到身体细微的感受,但是没有问题。看看你是否可以活在当下,而不是担心当到达公司时要做些什么。或者如果你有许多要想的事情,给自己 10 分钟时间去考虑这些问题,但是接下来把你的注意力都回到当下,正念地步行。

问:正念行走与步行冥想是一样的吗?
答:是的,它们是同一件事情的不同称呼。

问:我没有时间正念行步,因为我很忙。我该怎么办?
答:正念行走不需要任何额外的时间。只要你需要走路的时候,就带着正念觉知步伐,一个片刻接一个片刻地体验,而不是持续不断地计划或担心。总是有时间去规划,也有时间保持正念。

问:我一天中大部分的时间都在办公室。我该怎样做一些正念行走,而不让自己看起来很奇怪?
答:就是正常地走路,把注意力放在当下。没有人会留意你是在正念地行走。那是暗中进行的正念。

问:步行冥想真的和常规的冥想一样好吗?
答:是的。冥想并不意味着你必须静止不动。在佛教传统中,有四种冥想的"姿势":坐着、躺下、站立和行走(行住坐卧)。在密集冥想营和工作坊中,通常会安排许多时间进行步行冥想。

你的大脑陷入压力故事中了吗？

现在，你知道了压力重要的一面是你把浮现在脑海中的念头认以为真。如果念头认为一切都很好，并且你能把控，压力水平就处于平衡状态。然而，如若念头落在负面，并让你感觉自己无法控制，压力水平就上升。

念头在头脑中经常以故事的形式出现。人类大脑喜欢故事。从古时候起，故事就被世代流传。文学作品中充满了故事，从伊索寓言到莎士比亚戏剧。历史学家们通常联想到的古代文学作品中的人物形象就是围炉而坐相互讲故事。

把大脑当作讲故事的机器。从早晨醒来的那一刻，你在对自己说一生的故事。在清晨醒过来的那几秒钟，你就是活在当下的，没有故事。可能你也留意过这一点。紧接着个人故事进入意识流，通常是不知不觉的。大脑提醒你，你是谁、你住在哪里，以及需要做什么。这些都是自动的过程。

你不停地告诉自己有关其他人、事情、时间和困难的故事。当意识到你正在对自己讲某个特别充满压力处境的故事时，你可以辨别它是否真实。顾名思义，作为一个故事，它可能不完全是真实的。每个人对故事的诠释都不一样。

自我意识的构建基于两个方面：要么随着时间推移讲故事，要么通过现在的经验。如果我问，"你是谁？"你可能告诉我你的名字。如果我再问，你或许开始给我讲述自己的故事,你在哪里出生,在哪里工作,闲暇时间做些什么。诸如此类。但是你也可以感到你是谁,无须这些故事。要做的就是连结你的感觉,那就是正念所在。

讲故事的大脑,激活默认神经网络,包括对应负责记忆的那一部分大脑。在本地商场排队时,你的大脑会走神、做白日梦或者担忧。但是,当你在家附近的公园漫步时,这个神经网络也可以悄然参与进来,忘记观看美丽的景色,而是陷入忧虑和担心的小世界里。在这个故事里,你为自己讲述自己的人生、其他你所认识的人的生活,还有如何与他们互动联系。

大脑喋喋不休讲故事的部分并没有问题。但是,你不想自己的人生局限于此。如果缺乏正念,很容易迷失在负面念头和情绪之中。有许多证据表明,越多地卷入头脑的故事之中,越有可能有过大的压力和焦虑。

2007年,诺曼·法布和他的同事们在多伦多大学测试了一组刚刚结束为期八周的正念冥想课程的志愿者,以及另外没有做的参照组。研究者发现,当连结感觉:即直接体验,另外一个神经网络被激活。这也包括了大脑负责身体感觉和切换注意力的那一部分。这种直接体验激活是一种正念的状态。活在当下,存在模式就在运行。当你走在公园时,你能注意到树木的味道、花朵的颜色,还有身体的感觉。

研究者还发现,参加正念课程的那一组,当他们迷失在陈述之中时，他们能更多地觉察。讲故事大脑的神经活动和当下体验的神经活动，在冥想新手中区别更为明显。因此，他们能够从讲故事的大脑切换到当下这一刻，更容易专注。

大脑中讲故事和直接经验的神经网络不可能同时被激活。所以当你在公园漫步，如果你陷入默认讲故事神经网络，你更有可能沉溺在压力中。但是，有一个好消息，只要直接经验神经网络的那一部分大脑被激活，可以是感觉你的呼吸或者是微风拂过脸庞，讲故事的神经网络就会安静下来，而直接体验神经网络就激活了。你留意到有一位你想要联系的老朋友、一条从小树林回家的新路径，还有，压力水平也开始下降。

反思

如果愿意，请在你的笔记本上写下答案。

1. 请完成下面的句子，探索一下讲故事的大脑现在正在告诉你关于你自己的什么故事。仅仅留意第一个在脑海中出现的词语或者句子。不用思索太长时间。

我是……

我也是……

我住在……

今天我需要……

我的童年是……

我感恩……

生活是……

这个世界是……

将来我会……

我喜欢我自己因为……

其他人是……

生命的意义是……

我会有正念,通过……

我的压力是由于……

我会减轻压力,通过……

下面是一个要考虑的重要问题:如果现在你的心情真的非常好,这些答案会发生改变吗?如果会,那么这些答案是完全的事实或者只是当前的故事。

2. 假设某些事情导致当下的压力,对于这种情形,你在跟自己讲什么故事呢?

现在,请做几分钟第二周中的正念暂停练习。

3. 现在请想一位你认识的最有智慧的人。他可能是你个人认识并尊重的,如你的祖母、叔叔(伯伯)或者是公司的一位同事;或者是你敬仰的某个人,如苏格拉底、甘地、马丁·路德·金或纳尔逊·曼德拉。

假设他/她是你的话,这个人会怎么看待这种情形?这个人会怎么做去克服这个困难?

现在,请再做几分钟正念暂停练习。

回想一下你的压力事件,现在还有那么大的压力吗?有什么办法或者方法帮助减轻压力呢?即使是那么一点点。

《成事在人》(*Invictus*,电影名。译者注)

| Out of the night that covers me,Black as the pit from pole to pole,I thank whatever gods may be for my unconquerable soul. In the fell clutch of circumstanceI have not winced nor cried aloud. Under the bludgeonings of chance, My head is bloody,but unbowed. Beyond this place of wrath and tears Looms but the Horror of the shade, And yet the menace of the years. Finds and shall find me unafraid.It matters not how strait the gate,How charged with punishments the scroll,I am the master of my fate:I am the captain of my soul. | 透过覆盖我的黑夜, 我看见层层无底的黑暗。 感谢上帝赐我, 不可征服的灵魂。 就算被地狱紧紧攫住, 我不会畏缩, 也不惊叫。 经受过一浪又一浪的打击, 我满头鲜血不低头。 在这满是愤怒和眼泪的世界之外, 恐怖的阴影在游荡, 还有未来的威胁, 可是我毫不畏惧。 无论我将穿过的那扇门有多窄, 无论我将肩承怎样的责罚。 我是命运的主宰, 我是灵魂的统帅。 威廉·埃内斯特·亨利(1875) |

理念：

这是一首著名的诗，它激励着已故的纳尔逊·曼德拉在南非几十年的被监禁生涯。他过去时常读这首诗来抚慰同室被关押的狱友。

反思

这首诗歌对你有什么影响？如果你愿意的话，可以在日志中写下你的感想。

反思：第二周家庭作业中的发现

下面是一个回顾过去一周冥想练习进展和体验的机会。依次思考每个练习，充分利用写日志反思你的进展如何。

身体扫描

到目前为止，你已经进行了几周的身体扫描练习了。有些人刚开始做这个练习时觉得很枯燥；而有些人一开始就很喜欢。没有对与错。上一周你的体验如何呢？

正念暂停

记得为什么练习正念暂停吗？如果忘记了，这周该如何提醒自己呢？如果记得，正念暂停带给你什么影响？对于我的许多学生而言，正念暂停是他们最有意义的练习。

快乐事件日历

你填写这个日历了吗？如果没有，这周你可以安排时间做吗？你留意到什么样的模式，能让你在一周之内有更多机会更加详细地了解日历？

正念助推器

当用另一只手刷牙时，你有什么发现？那个过程是否让你更活在当下和觉知，而不是自动化？有一些人发现这个过程很有趣，也有一些人感觉沮丧，或是放弃了。你的情况怎样？

家庭作业：第三周

建议这周家庭作业交替进行，一天身体扫描，一天正念瑜伽。

身体扫描

当每天在身体扫描和正念瑜伽中切换交替时，留意这对你的练习有何影响。在第三周左右，我经常发现人们对冥想练习感到特别沮丧，因为初学者的新鲜感在减退。如果你在做身体扫描时体验到这一点，不要惊讶。我要热烈地鼓励你坚持到底，无论你的内心是怎么想的！

正念瑜伽

你可以练习 10 分钟或者完整的 30 分钟瑜伽。如果你练习 10 分钟瑜伽，尝试按照第十三章内的迷你瑜伽体式进行。如果是 30 分钟，用可以下载的音频语音引导——在完整版之后的迷你版。记住慢慢地练习，带着对身体友善的专注，特别是把注意力放在呼吸上。设置一个时间,这样你知道练习了足够长的时间,或者停下来,当你感觉到身体需要停下来的时候。

不愉悦的体验

上周记录了愉悦的体验。这周你可以尝试记录不愉悦的体验。当你这样做的时候,保持一种好奇和开放的态度,并记住记录身体的感受、想法以及不愉悦体验所升起的情绪。这也许能透露你所没有察觉的个人模式。

正念助推器

这周的正念助推器是以每日步行为基础。如果你每天都走同样的路线,那么这周尝试不同的行走路线。也许是稍微走远一点,或者就是在道路的另外一侧。如果你不能那么做,就尝试真正的很有正念地行走。当你走路的时候,就只是去感觉脚步的感受。把注意力放在脚上,就像在观照呼吸的正念冥想时把注意力放在呼吸上一样——带着一分好奇、关爱和耐心。

小窍诀:比你平时行走慢一点点,帮助你从习惯性行走方式中解脱出来,让你对自己的动作更有觉知。

第三周

天数	迷你版	完整版
1	迷你版瑜伽练习 记录今天不愉悦的体验，并记录下念头、感受和身体感觉 正念助推器：换一条回家路线或者只是正念步行	完整版瑜伽练习 正念呼吸：1次 正念暂停：3次 记录今天不愉悦的体验，并记录下念头、感受和身体感觉 正念助推器：换一条回家路线或者只是正念步行
2	迷你版正念扫描 记录今天不愉悦的体验，并记录下念头、感受和身体感觉 正念助推器：换一条回家路线或者只是正念步行	完整版正念扫描 正念呼吸：1次 正念暂停：3次 记录今天不愉悦的体验，并记录下念头、感受和身体感觉 正念助推器：换一条回家路线或者只是正念步行
3	迷你版瑜伽练习 记录今天不愉悦的体验，并记录下念头、感受和身体感觉 正念助推器：换一条回家路线或者只是正念步行	完整版瑜伽练习 正念呼吸：1次 正念暂停：3次 记录今天不愉悦的体验，并记录下念头、感受和身体感觉 正念助推器：换一条回家路线或者只是正念步行

续表

天数	迷你版	完整版
4	迷你版正念扫描 记录今天不愉悦的体验,并记录下念头、感受和身体感觉 正念助推器:换一条回家路线或者只是正念步行	完整版正念扫描 正念呼吸:1次 正念暂停:3次 记录今天不愉悦的体验,记录下念头、感受和身体感觉 正念助推器:换一条回家路线或者只是正念步行
5	迷你版瑜伽练习 记录今天不愉悦的体验,并记录下念头、感受和身体感觉 正念助推器:换一条回家路线或者只是正念步行	完整版瑜伽练习 正念呼吸:1次 正念暂停:3次 记录今天不愉悦的体验,并记录下念头、感受和身体感觉 正念助推器:换一条回家路线或者只是正念步行
6	迷你版正念扫描 记录今天不愉悦的体验,并记录下念头、感受和身体感觉 正念助推器:换一条回家路线或者只是正念步行	完整版正念扫描 正念呼吸:1次 正念暂停:3次 记录今天不愉悦的体验,并记录下念头、感受和身体感觉 正念助推器:换一条回家路线或者只是正念步行

第七章

第四周　认识压力及管理压力

让我们挫败的不是压力，而是我们对它的反应。

——汉斯·塞利

学习目标

- 认识压力的生理学机制
- 了解正念如何有助于压力管理
- 探索在面对愉悦和不愉悦体验时如何保持正念
- 学习新的正念瑜伽体式

苏菲亚自从高中起就开始焦虑不安，到现在二十多岁了，她觉得自己快要崩溃了。不知道她的脑袋里还能承受多少消极情绪，她一直都恐惧与人打交道，觉得别人可能在评价她看起来多么笨，并且总是害怕说错话。这种无休止的恐惧让她精疲力竭，恐惧牢牢地抓住她不放。

她尝试了一些心理咨询，也读过无数本关于减压的书籍。出于绝望，她决定试一试冥想，她曾经在一次网络论坛上阅读过它的好处。其实，她根本不喜欢冥想这个概念。首先，听起来有些宗教和精神色彩，她并不相信这些东西。其次，她已经失去了自救的所有信心。

她拿到一张正念冥想光盘,开始聆听正念呼吸冥想的语音引导。通过练习,她开始认识到感受呼吸让那些对自己和他人的负面想法慢慢地消失。是的,思绪还是回到担心上,但是正如正念语音引导所提醒的,她还是不断地把注意力带回到呼吸。当注意力更多地专注于呼吸,而不是那些重复、自我攻击的念头时,越多次练习,焦虑就变得越少。她认识到这些焦虑,觉得他人怎么评价她只不过是头脑中的故事而已,并不一定都是真的,她只是在对头脑中产生的错误想法感到焦虑不安。

苏菲亚喜欢上了正念,每天早上她都坚持冥想练习。通过正念呼吸,她体验到了头脑的平静,防止大脑在新的一天开始时进入惯性负面循环。由于这个积极的开始,她感觉一天中没有那么大的压力了,更能集中精力活在当下,去做完必须要做的工作。

苏菲亚最重要的发现是人类大脑能编造故事,虽然事实上并非完全真实,但是看起来却非常逼真和令人恐惧。狂野的大脑可以产生绝望的想法,而这些想法产生的低落情绪又导致失望情绪的恶性循环。

认识:压力的生理学机能

在第一章中,我们已经学习过压力和应激之间的微细差别。中等水平的压力可以使人充满活力和得到鼓舞。但是,如果压力继续上升到更高水平,对于苏菲亚而言,身体进入应激反应。应激反应是什么呢?当身体的应激反应被触发时,身体是怎么样的状态?在本章中我们将学习到这些内容。如果你觉得自己的压力比其他人都要大,希望下面的知识让你了解压力的普遍影响,以及理解它们将如何有助于我们减轻压力。

这并非意味着所有的专家对压力的看法都一致。实际上,从不同的角度理解压力可以让我们对压力是什么、它形成的原因以及正念回应的最佳方式,而不是自动化的反应,都有更全面的认知。看看哪些理念能引起你的共鸣。

我从小就对压力这个话题很感兴趣。读大学时,我第一次体验到压力非常大,我开始阅读相关主题文章。我发现最有趣的是,压力并不仅仅是一个有着因果关系的措辞,而是一种极其复杂的生物机制,其中包含数百万年的生存模式。

有两种主要看待压力的方式:

1. 简言之,战斗或逃跑反应。
2. 压力的长期作用,整体适应综合征。

战斗或逃跑

压力反应通常被称为战斗或逃跑反应,一种自发的原始反应。这种反应让身体准备好投入战斗或是从潜在的危险中逃离,得以生存下来(有时候,也被称作战斗、逃跑或僵住反应,因为它也会让人僵住)。在第三周中讲过,这个机制经历数百万年的进化，帮助我们远离危险和增加生存的机会，也导致了现代人类大脑天生固有的负面偏好。

当面临外在危险，或者仅仅是内在焦虑和担忧，被称为下丘脑的这一部分大脑皮质就被激活，引发一系列的神经元细胞产生连接，同时释放出如皮质醇、肾上腺素和去甲肾上腺素等激素进入血液。这种神经元细胞激活和化学激素释放的组合，导致身体许多改变发生。心率和血压上升，力量从消化系统和免疫系统转到身体肌肉，应激反应加快。而心理上，大脑中更智慧、更理性那一部分被关闭。

本质上来说，这个机制让我们进入战斗模式，做好身体和心理应对危险准备。如果你是一位史前人类，遇到一只老虎，战斗或逃跑模式可以是生死攸关的作用。但是如今，压力荷尔蒙的激增给你力量逃跑或是反抗侵略者、掀起压住你心爱之人的轿车，或是从燃烧的大楼中逃生的力量。

当你处于战斗或逃跑模式，大脑扫描环境和观察周围的一切，把它当作生存的威胁。假设一个小偷进入你的家，你会把每一刻或每一个声音都当作危险信号，即便不过是风吹过窗帘。你对反馈反应过度，一句没有恶意的评价也被你视作攻击，你的想法是不理性的。恐惧变成了你的过滤器，你通过它来看待周遭世界。

当身陷应激反应时，没有办法积极地思考，注意力资源都专注在负面。恐惧是焦点，而不是友善，无法做出理性的决策，做出的决定是基于目前短期的、头脑无法处理长远结果的决策。如果一直处于战斗或逃跑模式，就一直处于应急模式，只能做出短期应急决策。

现在，当在银行排长队、上班要迟到、面对吵闹的孩子，或者不得不面对气势汹汹的老板时，这一套让你准备从老虎跟前逃生一样的机制被触发。你的身体准备要应对一场并不存在的袭击。

在现代社会，当应激反应被触发时，希望你能控制自己。排队的时候，希望你就是等待，无论是否迟到。当老板提出不合理要求时，希望你只是倾听，既不抗争也不逃跑。

但是，战斗或逃跑模式让你变得更具攻击性、超级警觉和反应过激。这将最终导致复印机被踢、城市里的路怒症和吵架斗殴的发生。

平衡神经系统：管理压力的关键之处

前面已经解释过，应激反应也根植于大脑，是身体为了保护我们远离人身危险的反应。幸运的是，减轻压力的能力也是内置的。这两个系统大多数是无意识地在运行。它是自动进行的，因此也被称作自律神经系统。通过正念，可以学会跟踪辨识，当应激反应被引发，即采取行动，减轻它的反应。

自律神经系统是由两个部分组成：

1. 交感神经（应激反应）：主要功能是激活战斗或逃跑

模式。

2. 副交感神经（放松反应）：主要功能是激活"休息和消化"系统，在应激反应被触发后，让身体重新回到平衡。

为了帮助你了解应激反应的生理机制，请看下面图形。

你当众演讲时是否有过口干舌燥？觉察到心脏怦怦直跳或者呼吸加速？感觉想要去一趟卫生间？这些都是由于交感神经系统更多地运行，从而产生应激反应在身体上的表现。这也是人们所说的"感到有压力"。这些影响如上页图右列所

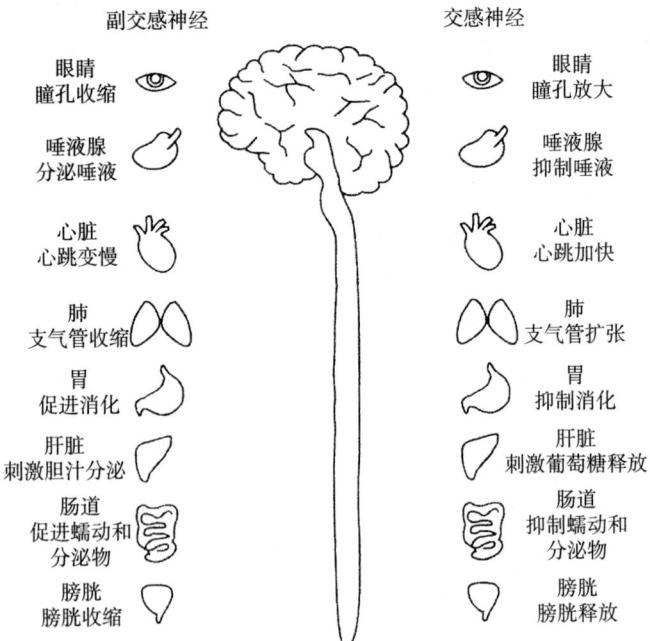

示。应急模式开启。

应激反应的功能可以被副交感神经系统所平衡,即放松反应。

放松反应有时也称为"休息和消化"模式,因为当它被激活时,身体更多能量都被集中在消化和免疫系统。当感到有压力时,消化系统运作就不那么好。如果长期压力很大,免疫系统也会受损。

虽然正念不是放松的技巧,但是它的其中一个长期的附带作用就是放松。当压力过大时,正念可以帮助放松。接着,就可以做一个简短正念练习或者冥想。这让前额叶、大脑更有智慧的那一部分参与进来。与更理智的大脑连结,这样就可以做出更好的抉择。

例如,假设你正在开车拜访一位新客户。道路既不熟悉又狭窄,要迟到了。你发现在这条路上开车很惊悚,因为没有交通信号灯,其他司机的车速非常快。你要迟到了,开始感觉紧张。你正念地觉察和留意到压力水平正在上升。于是靠边停下车,做了几次正念呼吸。你开始放松了一点,你记起来安全驾驶比准时到达更为重要。于是,你发送一条短信告知客户你要迟到了。接着,你以合适的速度继续驾驶。当你这么做的时候,你也感受自己的呼吸,而不是担忧(如下页图所示),有些活动需要用到放松反应,而有些则需要应激反应。但是,它们并非固定不变的。

反思

想想上次你感觉压力很大的时候,你注意到身体有什么变化?它们与你所发现的交感神经系统的影响如何对应的?

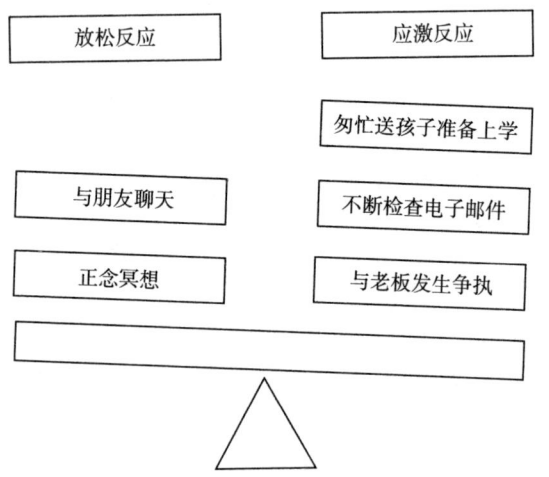

整体适应综合征:压力的三个阶段

1920年,沃尔特·坎农发现"战斗或逃跑反应"。但是,直到1936年汉斯·塞利才发现身体对压力的长期反应:整体适应综合征。从根本而言,塞利发现当有压力的事情发生时,如果压力没有消失,人们将经历三个阶段(如下页图所示)。他发现,压力是疾病的主因,因为长期的化学物质改变使身体变弱。

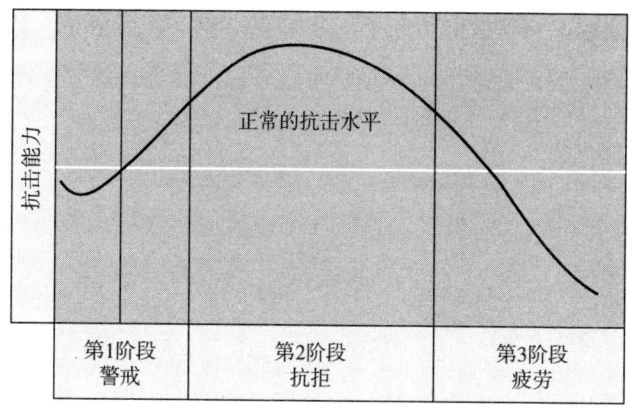

第一阶段：警戒

在警戒阶段，你处于一种震惊状态。想象一下你有很大的工作压力，并觉得自己无法完成所有任务。最初在这种状态你的效率不高。交感神经系统被激活，应激荷尔蒙释放到血液中，"战斗或逃跑模式"处于运作之中。如果压力被移除，你将重新返回一种健康的平衡状态。

在这个最开始的阶段，身体按照它应有的方式运作，警戒和准备应付压力源。如果修习了正念，就会觉察到应激反应被引发。接着，如果你有时间，就可以运用正念方法减轻压力。通过正念练习，如迷你版的身体扫描或者正念步行，将有助于重返平衡。

第二阶段：抗拒

可是，如果压力不断出现，或者又经历到其他压力源，那么对困难的抗拒也随之增加。这就是抗拒阶段。

在这个阶段,如果能够设法以某种方式应对压力,身体能够修复在警戒阶段造成的损伤,应激荷尔蒙的水平也能恢复到正常。但是,如果你没有足够的时间从这个阶段复原,那么问题就来了。

正念在第二阶段也非常有帮助。它可以防止你变得精疲力竭。当你承受相当大压力时,若有可能的话,你需要每天都做正念练习。从生理层面讲,冥想让你有时间去感受身体的紧绷。似乎自相矛盾的是,正念觉察慢慢地从减轻紧张开始。精神层面上,正念给你一个空间远离担忧和要求,这些都可能产生压力。放松反应开始活跃起来,重新平衡你的压力,让它回到一个令你感觉舒适的水平。

如果压力继续存在或上升,免疫系统也会运转不良,免疫力下降。不断持续的压力最终可能导致第三阶段。

第三阶段:疲劳

长期的压力没有消除,疲劳阶段产生。因为应对压力的资源耗尽,你不能继续对抗压力源。肾上腺素水平和应激荷尔蒙都已经疲竭。塞利发现,动物如老鼠,这个阶段就会死亡。

人们把这个阶段称作精疲力竭、肾上腺素耗竭或者压力不堪重负(对它的确认和处理方法,见第188页)。此刻,你的压力水平巨大。继续保持这样,你的健康将非常危险。

在这个阶段,也许你没有准备好做任何正念练习,因为专注任何事情对你来说都很困难。如果有时间得到充足休息和复原,以及看过健康专家之后,你可以学习正念来更有效地应对压力。

智慧故事:智慧的水手和聪明的教授

曾经有一位教授搭船旅行。他看到甲板上有一位年长的水手,于是决定去打听一些海洋科学的知识,之前他学过这个学科。但是,水手说:"对不起,对于航海知识我一无所知!""你这个笨蛋!"教授说道。

第二天,教授在甲板上看星星。他想水手一定知道天文学,天文知识有助于航行。"我完全不知道任何天文学。"水手说。"你真是个笨蛋!"教授惊呼道。

接下来的这天,教授享受着微风拂面,他想水手一定知道气象学。但是,水手坦诚地告知他对科学所知甚少。"你真是个白痴!"教授生气地说,并发誓再也不要跟水手说话了。

又过了一天,船遇到了暴风和巨浪。船身裂开,船开始下沉。水手看到教授,问他,"你会游泳吗?""不会!"教授惊叫道。"现在谁是傻瓜呢?"水手说道,他跳下水游到安全的地方去了。

这个故事与正念的压力管理有关。你可以学习所有应对压力的理论,但是只有把这些知识付诸实践,它才管用。尝试冥想练习,并学习冲浪,无惧生活中压力所产生的浪花。小小的努力也将带来回报。

认识精疲力竭

精疲力竭是由于长期和过度的压力导致的一种身体、精神和情绪的耗竭状态。如果你感觉似乎每一天都是糟糕的一天,总是感觉疲倦,并且觉得做什么区别不大,也许你正接近精疲力竭。精疲力竭通常是过度劳累所致,但是也可能由于睡眠不够、缺乏支持性的人际关系、完美主义或者悲观主义。

如果你感觉自己接近精疲力竭,或者已经如此,请尝试下面的小诀窍:

- 开始每日练习正念或瑜伽。
- 健康饮食,确保按时睡觉,每周锻炼几次。
- 学习说不(拒绝),即设置边界,不承担额外工作。
- 每天有一些娱乐时间,或者至少一周一次。做一些能让自己想象力流动的事情。
- 放慢生活的节奏。
- 从朋友和家人处得到支持。也许你觉得不愿意,但是寻求社会支持、交流是非常重要的。

考虑重新评估人生目标。精疲力竭是一个征兆,很可能是时候换种方式生活了。

反思

你正在经受长期压力的影响吗?接下来的这几个星期或几个月,你可以怎样更好地照顾自己呢?如果你觉得自己已经在精疲力竭的临界点,怎样才能把减压作为首要任务?

身体压力管理被设置成像短跑比赛一样,而不是马拉松长跑。以正念的方式减压,意味着在每天找到小段时间,让自己休息、充电或冥想,即使是几个深长的呼吸也会有积极的效果。

偶尔中等的压力,及有休息时间是健康的。
不过要确保有足够的时间恢复精力。

反思

1914年,67岁的发明家汤姆森·爱迪生的实验室发生火灾坍塌了,所有的仪器和研究被毁坏。一夜之间他损失了200万美金。与其去想许多负面事情,他反而说:"灾难有巨大的意义。我们所有的错误都被烧毁了,感谢上帝,我们又可以重新开始。"这是一个将危难变成积极压力的了不起的例子。正念地从思绪中后退一步,以一种更大的格局去看待事情。

压力与生活处境

在生活中,不同的事件对你的压力肯定有不同的影响。搬到一个熟悉的社区不会与充满敌意的离婚有同样的影响。在相对较短时间内经历的少数人生重要事件,不太可能让你感受长期压力影响。

研究角:压力可以是一件好事——认识积极压力

许多人不知道压力有两种:积极压力和消极压力。积极压力是压力的一种正面形式,而消极压力则是负面形式。

压力源并不能决定它会产生积极压力或消极压力,相反,它取决于人们是否把处境看作积极的挑战,或是负面的麻烦。

积极压力的案例像是坐过山车。如果你期待挑战的经历,那么你会有应激反应,但是对这种经历感觉良好。然而,如果你觉得无法应对那种经历呢,同样的过山车体验将是一种压力来源。

将压力看成是一种积极体验,这就是一个转变。我想分享一下我最喜爱的一项研究。在一项长达 8 年有 29000 人参与的大型研究中,来自威斯康星大学麦迪逊分校的研究员凯勒以及她的同事发现,人们对压力的态度对他们的寿命有着非常大的影响。如果人们以一种积极的方式看待压力,相信事情是可以有所改善的,他们中的死亡人数最少。然而，那些认为压力使人虚弱的人，死亡的风险增加43%。所以，应把压力当作激发精力或令人振奋的而不仅是有害的。阅读下面的段落也许能帮你认识到这一点。

证据表明，短期爆发的压力实际上能提升身体机能。2013年加利福尼亚大学柯斯汀·阿施巴赫和她的同事做了一项有趣的研究，两组女士被要求做一个演讲。第一组的女士有来自生活的长期压力环境，而另一组没有。已经不堪压力的一组，如预期估计一样，额外的压力导致细胞额外损害。但是，下一个结果让研究者们都感到惊讶：突发的压力之后，发现平时放松的女士们的细胞损伤较少。一点点压力似乎是有益的。

当短时间内做体育锻炼，并接着休息一段时间，健康状况将有所改善。同样的方式，短暂突发的压力对健康也是有益的。短暂突发的压力释放肾上腺素，肾上腺素提高警觉和觉察，就像一杯咖啡，同样可以增强记忆、使思维敏捷。

练习：生活中的压力事件

在第194页至197页，有一张"生活压力事件"清单。精神病学家汤姆斯·霍尔姆斯和理查德·拉赫让人们记录下来他们去年经历了多少这样的生活事件。每个事件都有相应分数，他们发现了分数和那个人生病的可能性之间的关联。

现在你来试试看。清点一下去年所经历的每个生活事件。

如果一年之内经历了两次，就选择两次，然后把所有的分数相加。

小诀窍：如果得分比较高，把它当作一个提示，你要多花一些精力减压了。正念练习在这个时候对你很重要。

过去每一年，我很幸运并没有太多的变故发生。最有压力的那一年可能是2010年。当一段长期的关系结束时，与老板有些不愉快、改变社交活动、出版和发行第一本书、搬家、旅行一个月，并在短短几个月内辞掉所有工作。这其中有些改变是积极的不是拖累，它们是积极压力源。但是，我得了流感，并感觉失控了。若没有正念，事情肯定会更糟糕。当时我确保自己每天都冥想、坚持运动、写日记，并且每周都找时间做一些开心快乐的事情。

反思

那么，如果分数显示你有中度或高度疾病风险呢？如果你有选择的话。关键是避免生活中再有任何变故。如果你最近经历失去一位至亲，最好暂时不要搬家。如果你刚刚退休，以及经济状况有所改变，那么也不建议你立即改变社交和休闲娱乐活动。写下今年你可以避免做的一些改变吧。

正念如何减轻压力呢？

想想朱迪吧，她与三位室友住一起。其中一位，丹妮尔，决定让她男朋友搬进来同住,尽管这一点没在房租合约中禁止。在超员的公寓里,丹妮尔的男朋友在早上不让她使用卫生间,而且晚上盘踞在客厅,朱迪感到很恼火,她的压力水平与日俱增,但是她没有在意。见下图右侧,她的状态每况愈下。

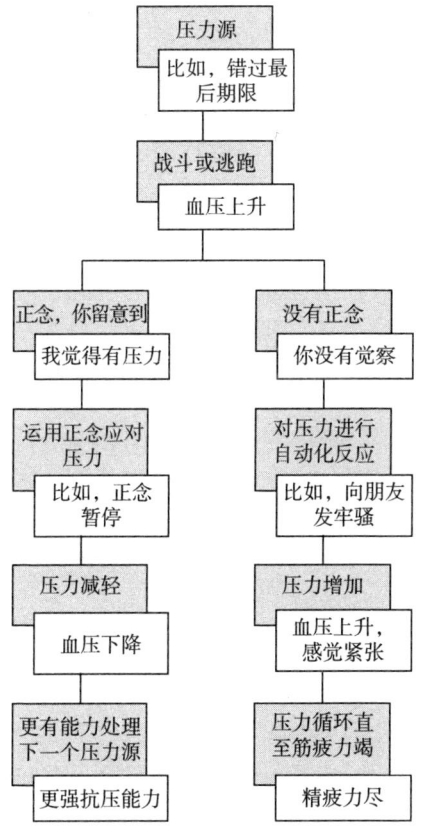

面对她的室友，朱迪不能确定自己能够处理这个情况。丹妮尔是律师，也是房东的朋友。与丹妮尔吵架之后，问题延续了好几个月，她开始头痛、胃不舒服，还睡不好觉。压力开始影响她。

朱迪的一位朋友带她做正念冥想，并教她正念暂停。朱迪才感觉自己能更好地捕捉到压力征兆；紧绷的肩膀和紧闭的下巴就是她的压力信号。做几次正念暂停能起到一些帮助，但是持续时间不长。朱迪用暂停来放松，然后又径直回到了平常的思绪之中。

学习了更多有关正念的知识，朱迪开始对自己的压力更负责任。是的，丹妮尔并不公平，是她让自己压力重重，由此病倒并没有意义。带着这种态度以及伴随正念练习，她感觉更有自信。她问自己，除了与丹妮尔争论以外，她还能做些什么。

压力生活事件表

生活事件	生活改变分数	✓
配偶死亡	100	
离婚	73	
分居	65	
囚禁	63	
一位至亲的死亡	63	

续表

生活事件	生活改变分数	✓
个人受伤或疾病	53	
结婚	50	
失去工作	47	
婚姻和解	45	
退休	45	
家庭成员健康状况发生改变	44	
怀孕	40	
夫妻生活障碍	39	
增加一名家庭新成员	39	
业务调整	39	
经济状况发生改变	38	
一位挚友的死亡	37	
工作岗位的改变	36	
发生经常争吵	35	
大额抵押	32	
终止抵押或借款	30	
工作职责的改变	29	
孩子离家	29	
法律纠纷	29	
杰出的个人成就	28	

续表

生活事件	生活改变分数	✓
配偶开始或停止工作	26	
学期开始或结束	26	
生活条件改变	25	
改正个人习惯	24	
与老板发生不愉快	23	
工作时长或条件发生改变	20	
住所发生改变	20	
学校发生改变	20	
娱乐方式发生改变	19	
教堂活动发生改变	19	
社交活动发生改变	18	
小额抵押或贷款	17	
睡眠习惯发生改变	16	
家庭团聚的次数发生改变	15	
饮食习惯发生改变	15	
度假	13	
圣诞节	12	
轻微违法	11	

总计: （续下页）

压力生活事件表

分数	患病概率
低于 150 分	近期患病概率为低至中等
150~300 分	近期患病概率为中至高等
高于 300 分	近期患病概率为高至非常高

在一种平静的状态下,答案很明显:联系房东。她给房东打了个电话,房东立即采取行动。丹妮尔的男友被告知一周之内搬走,他也的确做到了。丹妮尔与他一起搬出去了。

反思

想一下现在让你有压力的一件事情。想想你是如何对那个压力起反应的。例如,是不是更加努力工作,对你的伴侣大喊大叫,或者每晚通过看几个小时电视入睡?现阶段,只是写下你是如何应对的。观察这一点就是正念,这是做出积极改变的第一步。

照料和友好,这两点可以解释为什么相比男性,女性在承受压力时不那么有攻击性,不容易被激发进入"战斗或逃跑"模式。当感到有压力时,女性天生有更大的连结他人的倾向。这种与他人在一起的愿望,而不是立刻"战斗或逃跑",

也许是为了保护孩子的一种进化功能。在人类历史早期，女性是主要的照顾者，在应激情境中战斗或逃跑会让她们的孩子遭受巨大的危险。

研究角：男性和女性面对压力有何差别

人们已经了解战斗或逃跑模式许多年了。但是，对它的研究调查大多都集中于男性。现在有一项新理论，关于女性通过不同的机制应对压力，被称为"照料和友好"，由加利福尼亚大学心理学教授莎莉·泰勒和她的同事首次发现。

行为差异的原因是一种被称作"后叶催产素"的荷尔蒙。女性比男性有更多的这种荷尔蒙，所以在应激情境不是战斗或逃跑，荷尔蒙促使女性去支持和寻找陪伴。研究表明，处于压力之下，女性似乎更多倾向说出自己的情绪体验，探讨情况和以后可能会发生什么。男性更倾向于立即反应或逃走，通过跑步、打球或是看电视避开那种情境。

显而易见，这些是概括性的，而每个个体都不同。但是知道这些倾向也许有助于你更好地理解对压力的反应，不仅是你自己的，还有你的朋友和家人们的反应。

当下一次自己有压力时，保持觉知。注意自己进入了战斗或逃跑反应还是温柔和友好反应。如果感觉到体内能量过多，以一次轻快的正念步行减压，也许对你有所裨益。如果感觉想与他人在一起,打个电话或是约朋友见面聊天吧。保持正念听朋友说话,带着正念觉知倾听。

探索愉悦、不愉悦及中性体验

生活由丰富多彩的经验组成,这些经验都自动地被大脑所评估。在正念中,我们把这些体验分为愉悦、不愉悦及中性三类(见下图)。

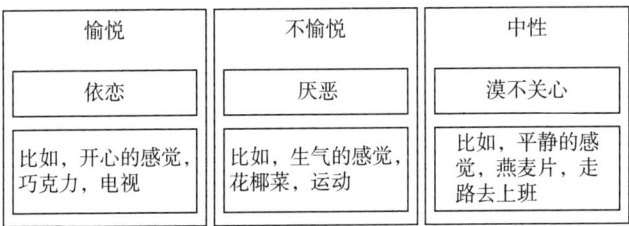

过去两周,你已经在记录生活中的愉悦、不愉悦或中性情境,以及与其相关的思绪、感受和身体感觉。如果还没有这样做,这周请开始记录。记录之后请阅读这一章节。

愉悦体验是那些你喜欢和对你来说很愉快的:吃一些巧克力、洗个热水澡或者感觉兴奋也许对你来说都是愉悦的。不愉悦的体验就是那些你不喜欢的:吃菠菜、早起或者感觉焦虑对你来说都是不愉悦的。中性体验就是那些你既不算喜欢,也没有不喜欢的。例如,人行道的颜色、一杯凉水,或是背靠着椅子也许对你来说是中性的,你浑然不知。

随着时间的推移,你变得局限。你知道什么是愉悦的,并且想一直重复那种体验。同时你也了解不愉悦的,并想一直避免。这种不断地追逐愉悦和避免不愉悦或中性体验导致一种压力感。你处于一种不断地追求或是逃避经验的状态中。

在积极心理学领域,大量关于人类幸福的研究表明,追求愉悦体验产生一种稍纵即逝的快乐,然而修习正念冥想带来长时间持续和更深度的幸福与平和感。

> 谁想要抓住欢乐不放
> 便会将展翅的生活毁光;
> 谁要是亲吻擦身飞过的欢乐
> 便将生活在永恒太阳升起的时刻。
> ——威廉·布莱克

记住保持这种洞察力。我不是说所有的愉悦体验都是坏的或者没有帮助的,一块美味的巧克力、一个深度推拿或者泡个热水澡完全没有什么不好。但是,证据显示,追求感官快乐并不是导向无忧无虑或幸福生活的康庄大道。

正念提供给你一种方法,帮助你从无休止地追逐愉悦体验、避免不愉悦或中性体验中解脱出来。需要你做的仅仅是去觉知日常活动的感受以及在冥想时的体验,觉知每一次经历是愉悦的、不愉悦的或者是中性的。你会开始注意到自己的反应是如何主宰着每天的经验。以这样的方式,你开始从自我限制中退回一步。你留意到想要获取或推开那种经验的愿望。通过观察头脑的本性，带着一种友善而非自我评判，你开始打破限制性的枷锁。当这种觉知发生时，你就能够更好地享受当下这一次的平和宁静。

小诀窍： 放下对愉悦经验的执着，以及对不愉悦经验的排斥，最好的一种方式就是记得和提醒所有的经验都是无常的。可以运用"一切都会过去的"这个句子，让你退回一步，在情绪的波浪上冲浪，而不被它激起反应。

反思

回顾愉悦及不愉悦事件日历。你留意到了什么模式？例如，总是通过吃饼干逃避悲伤的情绪（而且这么做后，感到自我憎恶），或者总是想找伴侣/搭档说话，即使他上班很忙没有空聊天（当没有回复时，感觉很沮丧）。写下你的观察。在正念训练中，只是不带评判地去观察自己，通常这就足够开始改变你的惯有模式了。

练习：正念瑜伽

音频 9 或 10

现在是练习正念瑜伽的时候了。按照音频，或者第十三章的介绍，做迷你版（10分钟）或者完整版（30分钟）体式练习。

练习：正念呼吸或身体冥想

⏱ 音频 13：10 分钟

⏱ 音频 14：20 分钟

伸展过身体后，现在你也许准备好以坐着的方式进行正念冥想了。记住，如果因为某些原因，身体无法采用坐姿，就选择任何你可以做到的姿势。对正念的意图和态度比其他任何事情都更重要。跟随音频指引觉知你的呼吸和身体，引导文如下：

1. 如果可以，请以一种挺直而有尊严的姿势坐在椅子上，双脚稳稳地平放在地面，保持后背相对挺直。确保关闭任何潜在的干扰，保持相对安静。这对初学者都是有帮助的。如果没有跟随音频引导，请设定一个时间。

2. 放下所有的念头，如想要放松、想要让大脑安静下来或者除去紧绷感。相反，无论出现什么带着一种接纳的态度、一种开放感和没有评判地接受一个片刻到下一个片刻的体验，尽力而为就好。

3. 以三个深长的呼吸开始冥想。如果可以，吸气的时候吸到肺部最底端，让腹部柔和地在吸气中膨胀，呼气的时候收缩。如果不能感觉这些，可以尝试将一只手放到肚脐的位置。

4. 现在让呼吸回到正常、自然的速度。让身体自然地呼吸，而不是尝试努力做呼吸运动。

5. 当你留意到，每一次头脑走神，满意自己已经觉察到这一点，而不是懊恼走神了。把注意力带回到鼻部、胸部或是腹部的呼吸上，选择对你来说比较容易观察的那个位置。

6. 大约5分钟，觉知整个身体的感觉。觉察整个坐姿的感觉，包括愉悦和不愉悦的感觉，温暖或是冰冷的感觉，以及那些不舒服的感觉。你也许留意到有刺痛、痒、热或者是其他的感觉。也许就只是一种身体的感觉，感觉活在此时此刻。

7. 记住，呼吸的感觉也是一种身体的感觉，所以把身体呼吸的感觉包括进来。留意呼吸对身体感觉有什么影响，一个片刻接一个片刻。你的呼吸有增加或减轻肌肉紧张吗，或者还是与原来一样？其他的感觉还是一样吗，或者已经发生变化？

8. 当时间到了，请慢慢地将注意力带回到周围的环境。花一点时间留意一下从冥想切换到日常生活的这个转换点。看看是否能把这种正念觉知的品质带到接下来的一天中。

深入练习：当感觉到身体"不舒服"的时候，看看是否可以放下想要去除这种感受的任何企图。只是完完全全地与这种感觉在一起，对这个感觉保持一种全然的接纳，知道它最终是会消失的，所有的感觉都是如此。甚至，你可以尝试欢迎这种感觉，好像它是你喜欢的一种感觉一样。

练习：正念暂停

在第二周已经学习过如何做正念暂停。读到本书这个部分，建议再次尝试这个练习。记住，目标是对身体和头脑有更多的觉知，而不是休息或者仅仅放松而已。

反思：对正念暂停的探索

1.这一次正念暂停练习中留意到什么？

根据我的个人经验，通常有两类人：坚持练习正念暂停不成问题，或者觉得练习真的很难进行。

那些觉得有问题的人，对怎么操作并没有问题，而是感觉要么难找到时间，要么缺乏做练习的动力。这些都是一些内在阻力。

克服这些困难最好的方法是觉知它在你身体上的体现。留意抗拒带来的感觉。感受身体中抗拒的情绪，并觉察那些喂养这种情绪的想法。接着，请做几个正念呼吸，深长的呼吸，猜猜怎么样了？通过觉察这些抗拒，你已经做了一次正念暂停。

正念暂停通过关闭惯性思维减少压力。接着，从原来那种有可能滋养压力的思维模式中脱离出来，觉知你的呼吸开始激活副交感神经系统，你开始变得放松。现在，你才有能力置身事外，从一个更大的视角去观察压力源，并且有可能获得一个解决方法。

2.过去两周中，正念暂停进行得怎么样？哪些对你有效？需要做哪些改变把这个练习融入你的生活中？例如，一个计时器，或者将练习放到行事历中？

正念管理压力常见问题问答

问：是否有可能我很有压力，自己却不知道呢？

答：是的，有可能你正承受着压力，却不自知。这就是没有正念。但是通过修习正念，你会对自己的身体、情绪、思绪和行为更有觉察，这样当压力水平过高时就能更好地留意到。接着，也可以采取合适的方法来管理压力，例如，练习正念暂停。

问：我的头脑一直纷纷扰扰。我该如何停止它呢？

答：正念最强有力的作用之一就是减少左思右想，这不会立即发生。慢慢地，你会留意到以前翻来覆去的想法，你更有力量从这些想法中退出来。关键在于不与它们对抗，而是以一种放松的态度，退一步去看它们。用"担心"来标记它们，关注任何需要关注的。

问：练习瑜伽时，我几乎要流泪了。这样可以吗？

答：是的，没有问题。这是一个好的征兆。它意味着你以一种正念的方式练习瑜伽，释放出也许一直受压抑的情绪，用有意识的觉知让它们释放出来。

问：相比正念扫描我更喜欢打坐冥想。可以这样做吗？

答：我建议你坚持完成每周的家庭作业。这样你会克服只想做你喜欢的正念练习的欲望，而避免不做你觉得不喜欢的。例如，我经常发现第一周或第二周，学生们不喜欢做正念扫描，但是做了一阵子后他们真的很喜欢它了。

问：学习这个课程，我感觉自己变得没有那么有正念了。这是怎么了？

答：这是一个常见反应。像许多人一样，你也许没有意识到自己平时多么没有正念。通过正念练习和冥想，你留意到自己迷失在思绪、情绪和习惯之中。不要担心你变得没有正念了，正好相反，这有点像学习骑自行车。看起来容易，但是当你尝试的时候，会不断地摔倒，看起来好像做得很糟糕，但是事实上，你做得越来越好。

家庭作业：第四周

与之前一样，作业在下页的表格中。

提升正念：友善

这一周，尝试每天为他人做一件小小的好事。你可以给某个人发一封友好的电子邮件，称赞他的优秀工作，为单位某位同事泡杯茶或咖啡，或者是帮助某个人完成他的工作项目。

每天的友善举措不一定要很长时间。即使花 5 分钟帮助他人,也让你更有正念,当你从常规工作日程中抽身而出,你能够体会到付出的魅力。把时间限制在 5 分钟,也不会让你感觉很有负担而不想去做。

这些友善的行为对你自己和接受你慷慨付出的人很有裨益。研究表明,善良的行为可以让人更加快乐(因为它们会在大脑中释放多巴胺),更加健康(因为释放出后叶催产素,会降低血压),改善人际关系(人们喜欢善良的人),而且最令人振奋的是它可以促使良善传递。你的朋友也会自然地被鼓舞做出良善的行为。所有的这些好处都会有助于减轻你的压力,所以试一试吧。每天花 5 分钟时间为他人做一件善事。更多资讯请访问 www.randomactsofkindness.org。

第四周

天数	迷你版	完整版
1	迷你版身体扫描 正念助推器:友善	完整版身体扫描 正念暂停:3 次 正念助推器:友善
2	迷你版正念呼吸和 身体冥想 正念助推器:友善	完整版身体扫描 正念暂停:3 次 正念助推器:友善
3	迷你版身体扫描 正念助推器:友善	完整版身体扫描 正念暂停:3 次 正念助推器:友善

续表

天数	迷你版	完整版
4	迷你版正念呼吸和身体冥想 正念助推器：友善	完整版身体扫描 正念暂停：3次 正念助推器：友善
5	迷你版身体扫描 正念助推器：友善	完整版身体扫描 正念暂停：3次 正念助推器：友善
6	迷你版正念呼吸和身体冥想 正念助推器：友善	完整版身体扫描 正念暂停：3次 正念助推器：友善

第八章

第五周 坚定立场——应对压力

> 对抗压力最强大的方式是我们有能力选择想法。
> ——威廉·詹姆斯

学习目标

- 认识四种主要应对压力源的方式
- 理解由压力导致或出现的想法和情绪之间的关联
- 学习如何接纳从压力引发的情绪,从而找到减压方法

正念已经成了法蒂玛生活中非常重要的一部分。她不喜欢坐下来有目的地冥想,她觉得那种程度的正念非常困难,不过她愿意把正念融入生活之中。作为一个饱受焦虑折磨多年的人,她对自动浮现的负面想法并不陌生,但那些念头就是挥之不去。

过去她在规划未来中找到慰藉,逃避对过去的回忆,把所有的希望和梦想都寄托在一个还没有发生的地方。这样的思维创造出一种舒适的错觉,因为当未来还没有发生时,当她的计划还没有实现的时候,她觉得永远都没有失去。

最后,她不得不面对真实的处境。她拥有什么?她现在能做些什么?她很恐惧地意识到她不再知道应如何计划未

来。最开始,她觉得很绝望。但是,慢慢地她开始接纳:她无法在现在计划未来,但这也没什么,因为她所拥有的只有当下。一旦理解了这一点,一旦她真的接纳这一点,她感觉到了平静,因为她知道现在就是她所需要的全部。这些赋予她令人难以置信的力量,引领她从一个黑暗和空虚之处走出来,因为接纳现在而获得安宁舒适。

通过活在当下,法蒂玛处理了她所有的负面情绪,同时也接纳她无法改变的。这种观念帮助她驱散了压力和焦虑。

法蒂玛也做出一个决定,一个极端的决定。这个决定就是以一种截然不同的方式看待她的问题,而不再是任由思绪鞭挞。虽然冥想通常是产生这样的改变,但是仅仅以一种正念的方式看待问题就已有所帮助。这一章里,我们将学习如何运用不同的方法来应对压力,以及让我们面对未来的压力源更有抗压力。

反思

你已经在半路上:这个课程进展如何呢?

通过下面的问题来帮助你反思你正在这个正念课程的哪个位置。如果你愿意的话,请在笔记本上写下答案。

1. 哪些地方进展还不错?

2. 你做过哪些练习?

3. 为什么你要参加这个课程?

4.参加这个课程时,谁在支持着你?如果答案是没有人,那么,假设课程中遇到困难,你会找谁?即便是网络或打电话的那个人也可能会帮到您。

5.有什么地方是你想要改进的?如果有,写下来。关注在一件事情上。要改变这一点你可以做出什么小的改变?

小诀窍:过去4周所发生的并不预示接下来会发生什么。在正念中,改变并不是线性的。你或许已留意到目前为止一些巨大的改变,但是那并不意味着接下来的4周也会如此。我建议你做练习的时候,尝试保持一种开放的身心状态。

如果你在反思练习中,回想自己哪些做得好的地方有困难,想想你阅读这本书、尝试了一些冥想方法、做了一些家庭作业,或者是任何活在当下的体验。这些都是进步的参考范例,可以把它们记录下来,作为积极的行动。

通常人们觉得最纠结的是做每天的家庭作业。如果你完全没有做作业,想想障碍是什么。回到第三章,重新读家庭作业的那一部分,也许你能找到一些理论重新点燃热情。如果可以,避免自我批评,留意是否有自我批评。记住,观察本身就是一种正念的行为。只是回到现在,当下这个时刻,重新开始,正如法蒂玛所做的。照顾好当下这个时刻,而未来自然会照顾好它自己。

这一周,我们直接进入瑜伽和冥想练习。这会有助于你保持正念,让你能够更好地专注于这一课的主题。

练习:正念瑜伽

⏱ 迷你版:10分钟

⏱ 完整版:30分钟

音频9和10

与之前一样,用语音引导或在第十三章的文字介绍下完成今天的正念瑜伽练习。

反思

1. 在今天的瑜伽练习中,当触及你的极限时你有何发现?

2. 在瑜伽练习中,当靠近自己的极限时,有什么样的想法和情绪出现?

3. 想一想你的家庭生活、工作、人际关系和练习。你是全力以赴吗?或者根本没有挑战自己?这周你能做出什么样的决定让你能够重获平衡?

练习:扩大觉知冥想

⏱ 迷你版:10分钟

⏱ 完整版:30分钟

音频15和16

这一周,你将要练习"扩大觉知"冥想。在其他的正念书籍中,这种方法被称作"静坐冥想"。冥想通常以坐着的方式进行,但是也并非一定如此。你可以以躺着、站着甚至行走的方式练习(但是对于初学者来说有些难办)。

如果可以的话,我建议你以坐着的姿势进行冥想,那样也比较容易专注。也许你已经许多次躺着做身体扫描冥想,那么现在是个体验挺直姿势的好机会,并留意这样的姿势对正念觉知有什么影响。只是保持一份好奇心!

如果你做的是迷你版,每个部分 2 分钟时间。请使用 10 分钟的音频引导。如果是完整版,每个部分 5 分钟时间。请使用 30 分钟的音频引导。

准备

1. 减少任何潜在的干扰。

2. 对自己带着一种友好和和善的态度。记住你修习正念的原因、不要太过努力的重要性,而是温柔地对待自己。

3. 采取一种笔直而有尊严的坐姿,坐在合适自己高度的椅子上,闭上眼睛或者柔和地微微睁开一点,目视下方。

第一阶段:呼吸

4. 做几次深长完整的呼吸。随着每一次呼气,有一种身体往下沉一点点、更稳地坐在椅子上的感觉,看看身体有没有明显紧绷的地方,如果可以的话让它放松。如果做不到也没有关系，就是如实地接纳它就好。

5. 现在，自然地呼吸。去感受呼吸的感觉，在任何你觉得可以感受到它的位置都可以。留意吸气的感觉与呼气的感觉有何不同，体验呼吸的节奏，觉察在呼与吸之间短暂的停顿。如果呼吸的模式发生变化，也留意呼与吸之间停顿的变化。

6. 与平时一样，头脑会走神。当留意到走神了，无论是几秒钟或者已经好多分钟了，只是留意到这一点，然后温柔地将注意力带回到呼吸。记住：你可以想象，闲逛的注意力就像一只跑出马路的小狗，你会把小狗带回路中间，所以用同样的温柔将你的注意力带回来。

第二阶段：身体感觉

7. 扩大你的注意力到整个身体的感觉。觉知专注于呼吸的注意力灵活地扩大到整个身体。

8. 留意开放的注意力与集中的注意力有何不同。如果似乎无法把注意力扩大到觉知整个身体，尽力而为就好。随着练习和积累，你会进步的。

9. 呼吸的感觉也是身体感觉的一部分。当你在吸气、呼气的时候，留意它带给身体什么影响。觉知吸气和呼气的作用。也许你留意到呼气比吸气更有释放紧张的效果，因为呼气使副交感神经系统兴奋（放松反应）。

10. 尽量保持身体不动，眼睛也不要睁开，或者看别的地方。如果觉得身体痒或者有一些轻微的不舒服，看看是否能把注意力安住在那个感觉上，而不是立即起反应。可以通过温和地问自己来保持好奇心："我好奇当我在觉察呼吸的时候，这种感觉的强度是怎么增强或减弱的？"或者"我可以带着一种关心和爱护的态度去感受这种感觉吗，而不是马上对它抗拒？"或者就只是在心里默默地标记"痒"或者"不舒服"。如果这种不舒服的感觉继续增强，你觉得自己必须要动动，也是可以的。冥想的时候，你不需要折磨自己。觉察身体的感觉如何发生变化和改变，当你从一种坐姿换到另一种姿势，例如，假设你的背部受伤，你也许会留意到那个疼痛，接着温柔地伸展，感受肌肉的拉伸和放松。当你再次坐下的时候，再一次留意后背的感觉，目的是在整个过程中都保持觉知和正念，而不是自动化和应激地反应。

第三阶段：声音

11. 下一个阶段，继续扩大注意力。这一次，把注意力放到声音上。首先，留意你坐着的这个房间里的声音，然后作为一个整体把注意力扩大到整栋建筑物，最后把外面的声音也包括进来。

12. 通常当听到声音的时候，习惯性地会想知道是什么声音、辨认它们，接着用喜欢、不喜欢或既不喜欢也不讨厌的态度做出评判。这个冥想训练给你一个机会开放接纳所有声音，放下评判或是标签。如果你的心里仍然会给它贴标签、评判它们，没有关系。只是从觉知的角度去观察头脑中的这个过程。例如，你听到交通噪声，就想："那是交通堵塞。我讨厌那个声音。"你可以留意那仅仅是一个想法，并且如实如是地去聆听交通噪声。

13. 不去向外抓取声音，而只是允许声音进入你的耳朵。就像一副耳机，接受来自四面八方的声音，无论它们是什么声音。这样就能真的让你的注意力敞开。

第四阶段：想法

14. 现在，把所有的注意力都放到想法上，你就可以听到头脑中的想法，如果你是一个更偏视觉型的人，也许能看到影像。

15. 从想法中脱离出来。从一个观察者的角度看着这些想法，而不是进行思考，好像你没有思想一样，只是看着你的头脑自己在思考。

16. 也许想象白云在天空飘过对你有帮助。把你的觉知当作一个开阔的空间，而那些云朵就是你的想法。你可以把你的想法放在云朵上，然后看着它们来来去去。

17. 如果你发现自己没有任何想法，那也不要紧，留意这份静默，不需要逼迫自己非要有想法不可。如果你发现自己有许许多多的想法，那也没关系，再次站在一个不偏不倚的观察者角度去看它们。

18. 对于大多数人来说，这不是一个轻松的过程。尽力而为地去练习,看看怎么样。

第五阶段:情绪

19. 现在把注意力放到你的情绪感受上。

20. 如果你知道那是一种什么样的情绪,温柔地标记它。例如,你正感觉到害怕,在心中默默地说"害怕"。

21. 以一种正念的态度对待情绪。这意味着不需要评判你的情绪是不好的,或者批评自己有这样的情绪。相反,如果可以的话,欢迎这些情绪,并尽可能地觉察它。

22. 留意在身体的哪个位置感受到这种情绪。如果你发现它在身体的某个位置,观察一下那种感觉的大小和形状。留意你对情绪的态度(如"我喜欢它"或"我希望它消失"),给情绪一个内在空间,而不是压抑这种感受。

23. 带着觉知从一个感觉安全的距离看着这个情绪。觉知不仅疗愈情绪,而且帮助你作为一个观察者,与情绪保持距离。所以你不会那么容易被跌宕起伏的情绪如过山车样地左右。

第六阶段:开放的觉知

24. 现在练习一种开放的注意力,有时候也被称作无选择的觉知。在这个过程中,你可以开放你的注意力,觉知任何主要出现在你觉察中的事物。这可以是任何东西,从你的感觉到呼吸、想法或者情绪。

25. 如果你发现头脑陷入一长串念头之中,做几次呼吸,将你的注意力带回到呼吸,接着再次尝试将注意力打开。尽力而为就好。

深入练习:有了经验,你不需要音频引导做这个练习。可以设置一个 5 分钟 1 次的闹铃,然后静静地完成每个阶段。

应对压力的务实方式

正念减压没有限制你只用正念冥想来减轻压力。正念作为第一步,给予你更多的选择,有一个机会让你从任何压力限制性反应中抽身而出,从而获得一个空间可以做出更好的处理。

正如目前为止你所做的一样,练习正念冥想和瑜伽,改变你的大脑,这样就不会那么自动化地对压力进行反应。但是,你要如何处理压力呢?你用什么办法?这一周我们会学习处理压力的不同方法。

> 在上课的时候,我真的被交通噪声无所忌惮弄得心烦意乱。接着我们做了声音冥想,它很快就平息了烦躁!对我来说那真是一个很大的突破!车来车往,在没有评判的意识中,声音就像是一片海洋。

常见的不健康处理压力方式

诚实地对待自己是有帮助的,清楚地知道自己现在是怎么处理压力的。这也许是你的"阴影面",也许你并不喜欢自己看到的。但是清晰地了解此刻的状况是正念减压的最佳起点。

大多数常见的减压策略帮助短期内释放重负。但是,不幸的是,长期而言它们却增加了你的压力。

当人们承受过大压力时,沉溺于烟、酒等是常见的选择。如果在充满压力的一天后,你用这些方法让自己平静,从留意当你这么做的时候你的感受开始。在点燃一支香烟前问自己感觉如何,这是一种正念的行为,留意那些"我要喝点酒"或者"我非抽一支烟不可"的想法。正念觉知你的思维模式可以帮助打破习惯。也要留意任何自我评判的想法,像是"我永远也控制不了自己"或者"我是个白痴,把自己灌醉"。

当使用这些改变习性的方式时,尽可能保持正念。例如,在很有压力的时候,如果你抽烟很凶,感受一下香烟盒在手中的重量,然后慢慢地打开烟盒,拿出一支香烟,并留意它的重量和颜色。真的很仔细地看着它,闻闻香烟的味道。经过几分钟认真的观察后,点燃它。用相反的一只手拿着,有助于你没有那么自动化并更有正念。保持观照你的想法和感受,感觉烟雾进入你的肺部。当你抽烟的时候,全然地觉察任何愉悦或厌恶的感觉。感受每一次吸气和呼气,觉知你的身体是紧绷或者放松。研究发现,花15~30分钟正念地吸烟,能极大程度地减少一周中的抽烟量。

还有其他的方法可以调节压力,不仅仅是香烟或酒精,可能你开始吃很多或者吃很少。当感觉压力过头时，也许你不断地拖延、上网或者看电视。或者可能你真的很忙，通过工作来分散压力。避免见朋友或家人是另外一种常见行为模式。

无论你用哪种方式，都尽可能地保持正念，即使用的是无益的习惯。如果你知道不想见朋友是因为感觉很有压力，留意那种驱使你这样做的情绪。允许自己慢慢地向这种情绪敞开，想要躲避他人的情绪。带着这种情绪，做几个深呼吸。留意身体感觉到的紧绷或紧张。

当做了错误决定时，正念和慈爱都很重要，学习友善地对待自己，原谅自己（参见第十章），让你在下一次更有可能做更好的选择。哈佛医学院克里斯·格默和德克萨斯大学克里斯汀·内夫，她们在对自我慈爱的研究中发现真是这样的。自我慈爱减低压力，有助于做出更好的抉择。

尽可能地不要自我谴责，用好奇和接纳来替代这样的想法。对自己说：

> 此刻，我正在经历一个困难时刻。
> 这是为什么我以这样的方式缓解压力。
> 当要应付这些压力时，没有人是完美的。
> 让我友善地对待自己和理解自己。

小诀窍：把这份宣言写在一张小卡片上随身携带，或是记在手机里随时带着。感觉压力上升的时候，拿出卡片或手机来看一看。

正如任何其他人一样，我是一个工作的人。有时候，我也会通过多吃食物、拖延、上网，或是避免见朋友和家人而不是打电话给他们来应对压力。知道这一点能帮助我更加小心，当我觉察自己正以这种方式应对压力时，做几次正念呼吸，或者再多做几次，我可以做出更好的选择。这并不总是容易的。有时候，做出这样的选择也需要一些时间。

找到健康的减压方法

如果目前应对压力的策略不奏效，或者感觉根本无法应对压力，不要担心。现在，你要学习各种不同的管理压力的方法。你的任务是去尝试这些方法，然后看哪一个对你有效。每个人都不一样，因为每个人都将使用一种对自己有效的综合方法。

正念是所有这些压力管理方法的核心。当你处于压力之下，你需要有正念（觉知），知道自己压力水平太高，接着找到一个内在空间做出智慧的选择——对你而言最好的选择。每次都以一个简短的正念练习开始你的压力管理，正念暂停是个非常棒的主意。即使是一个完整而深长的觉知呼吸，把它作为正念决定的起始点，它也能产生奇迹。

压力管理的 4A 法

记住减压方法顺序，4A 压力管理是一种颇受欢迎的模式,即:避免(avoid)、改变(alter)、接纳(accept)和适应(adapt)(如下图所示)。避免和改变是关于改变压力源本身,产生压力的原因,这是首先要做的。你也许能够切断压力源。接纳和适应是关于改变对压力源的反应。还有一件你可以做的事情即是保持健康生活方式。(参见第225页)。

避免压力源

通常,你并不需要应对压力。有许多种方法能在第一时间消除压力。例如,当我给客户提供许多教练课程时,工作量变得很大。于是,我学会限制每周见的人数,给自己更多时间写作或做其他工作。另外一个例子:过去我有几位朋友,他们开始时非常友好和和善,但是最后变得过于咄咄逼人,带来过多需要承受的压力。虽然结束一段关系从来都不是愉快的,经过一段时间,因这个决定的苦恼,我选择敬而远之。

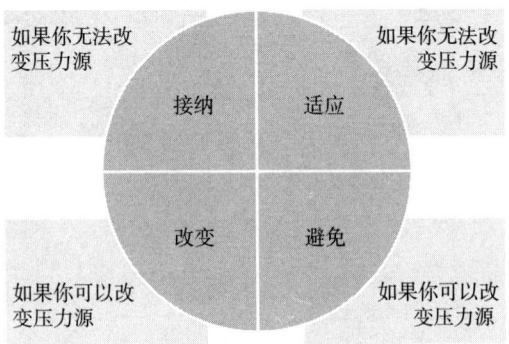

下面是一些建议，当在决定从哪里切断压力源阻断压力时，尝试先衡量最终这样的改变是否会比最初的责任带给你更多压力。例如，说不（拒绝）看似是个巨大的解脱，直到你发现自己因为谁来接管任务而失眠。正念可以帮助你保持清醒，甚至在做出反应之前就有所觉察。

- 学会说不。有人要你做某事，你不需要都答应。如果同意了，短时间内你要做许多事情，结果大多数是压力。
- 管理外在因素。如果电子邮件让你有压力，就少查看邮箱。如果做饭让你有压力，不时在外面吃饭。如果通勤上下班让你有压力，看看是否能在家工作。
- 远离负面的人。如果有些人让你感到有压力，就少一些时间与他们在一起，或者终止往来。
- 减少待做事项清单。把日常事务减少到只有最优先级别的事项。

改变压力源

如果无法切断导致压力的原因，也许可以改变它，让它变小或者更容易应对。下面是一些建议：

管理好时间。压力的原因可能是你有太多事情要做，而时间不够。记得达·芬奇、爱因斯坦和肯尼迪也是和你一样一天有 24 小时，或许你能够找到更有效率的方法。通过以下方法，我实现了更好的时间管理：首先，我对每 30 分钟要做的事更有正念，写下我要做的以及效率如何（如回邮件效率为7/10，写文章效率为5/10）。接着，我找到自己一天之中最有效率的时间段，以及只是需要休息的时间段。我把最难和最高优先顺序的事情换到效率最高的时间段去做（通常是上午），然后把其他的杂事放到下午。你可以尝试一下这种方法。

表达感受而找到解决之道。如果你让他人知道你对自己目前处境的感受，他们也许能够提供一种解决方法。与你的情绪正念在一起，如果可以的话，请温和地表达。有几项研究表明，写日记也对减压有所帮助。

设置边界。你需要很正念地了解每一项任务你要投入的时间与精力，如果没有限度，其他人有可能利用你。礼貌而坚定地让其他人知道你的底线在哪里。

学会妥协。有时候没有办法完全按照自己的方式来做。例如，如果儿子每周打扫自己的房间的话，同意带他去踢足球。这是一件你可以少做的事情。

接纳压力源

压力管理的核心是知道什么是自己能控制的，什么不能。如果不能控制压力源，那么需要找到一种方式接纳正在发生的一切。如下：

练习正念冥想。通过冥想，当你观察到思想和感受在不断地变化，你的智慧也会增长。学会接纳这些改变，而不是一味地尝试控制它们。这种接纳的能力也会转化、运用到生活的其他方面。

放下积怨。宽恕并不总是容易的,但是它可以缓解多年不必要的压力。通过宽恕,放下心中的不满,这些积怨通常给你带来更多痛苦。记住,宽恕并不是说他人做的是对的或者公平。宽恕是为了自己,而不是为他人。

管理好你内心的控制欲。要管理压力,你需要清楚地知道什么是你能控制的,你需要能够接纳后果。如果你不接纳自己无法控制的,必然导致充满压力的人生。

表达你的情感。通过对他人说出你的感受,大脑关闭应激反应,你会感觉好多了。与他人交流你的问题有助于从你肩膀上卸下重担,让接纳变得容易一点。

健康生活方式

除了用4A法管理压力之外,采取健康的生活方式也是一个好办法。下面是一些小技巧:

- 运动。一周5天,每天运动30分钟,即便是一次轻快的散步也可以。通过把注意力放在身体感觉、呼吸或感受上,让你的运动保持正念。

- 社交。经常与朋友聚会。这将让你感觉更加平静,并客观地看待事情。当听朋友们说话时,练习正念聆听,放下自己的评判。

- 平衡饮食。花时间和精力好好吃饭,这将使你感觉良好、提振能量和提升对压力的复原能力。如果你只是吃一袋饼干,看看能否宽容地对待自己,而不是严厉责备自己。自我慈爱是一种重要的正念态度。

● 睡眠。如果希望优化健康,每晚睡7个半到9个小时。如果无法在工作日做到,在周末补觉的效果实际上没有那么好。如果睡眠有障碍,尝试晚上做身体扫描冥想,看看是否有帮助。

● 开心。只因为快乐而去做事情,并非一件奢侈的事,而是身心健康必需的。观看你最喜爱的喜剧片、在大自然中安静地漫步、打球或者参加一场聚会,任何你觉得有帮助的都可以。当你在那里的时候,保持正念,完全投入地去体验,而不是玩手机。

● 放松。洗个热水澡、按摩、美餐,做一些园艺活,这些是许多种方法中的一部分,可以帮助你放松。而这些方法都可以因为正念而提升效果。

适应压力源

接纳并不是处理压力源的唯一途径。你可以改变自己的思维模式,对压力源的态度。这被称为适应压力源。下面是我经常使用的一些关键态度转变法。

● 把问题看作机遇。生活中总是充满问题,把它们看成是挑战和机遇,你会感到没有那么大压力,并更振奋。

- 对好的事物心生感恩。大脑并不是天生会往积极的一面想。所以致力每天都思索一下生活中哪些事情做得还不错，小小的事情，如餐桌上的一顿饭、看见窗外的一些树木还有能够走路，这都是好的事情。如果你的老板给你压力，记得去感恩工作中你喜欢的部分——工资、红利，或者同事。
- 降低自己的标准。你是给自己定很高的标准吗？有完美主义倾向吗？找到减压的方式，让生活压力更小、更有效率和更多乐趣。
- 从大局出发。想想你的压力源在一年后还会是一个问题吗？与此后余生相比较，它有多么重要？练习退后一步，换个视角看待问题。

反思

此刻在脑海中想到一个压力源。4A中哪一个你觉得能最有效地回应这个压力？尝试一下，并记下它对你的压力水平的影响。

辨别想法和感受

你已经学习了压力管理的一些方法。但是也许你不清楚想法和感受之间的区别。例如，你可能说：

"我觉得自己没有用。"

"我觉得自己好可怜。"

"我觉得自己很丑。"

这些都是情绪,而不是想法。情绪包含快乐、难过、愤怒、无聊、恐惧、喜悦、兴奋和失望等。

分清楚想法和情绪很重要,因为你可以质疑你的想法,而不是你的情绪。想法是头脑中的句子,你可以从中后退一步,反问它们,或者仅仅将它们看作在头脑中一闪而过的声音。情绪却有所不同,它们是内在的经历,通常包括身体的感觉。这些经历不能被反诘。

丑陋不是一种感受——它是一个念头。你可能感到难过并想:"我很丑。"现在你可以反问这个想法,也许有许多次人们觉得你挺漂亮。你也许感到难过,但是当你反问这个想法时,那种紧绷的感觉就消失了。

想法影响情绪,情绪也影响想法,它们之间相互影响,并以感觉的形式呈现出来。例如,当你感到孤独的时候,你也许会想:"我是个失败的人。"身体会感觉有些虚弱。接着,也许会产生难过的感觉。然后,你接着想:"我怎么了?"如此等等。好消息是你可以让这一切有所不同。通过标记情绪和改变你与想法的关系,你开始更多地把控自己的情绪。改变你与想法的关系的关键方式如下。

想法就只是想法

在头脑中读出下面这个句子:

我是一只粉红色的香蕉。

　　很明显你不会相信这是真的,但是为什么不相信呢?毕竟,它只是你头脑中的一个想法而已。如你所知,只是因为你在头脑中有一个想法,并不意味着它就是事实。

　　我没有用。

　　那只是另外一个想法,但是你也许会更相信它,特别在一天下来所有的事情似乎都进展不顺利时。(我们说的是负面偏好,这让我们更加倾向将事情解读成消极的,而不是积极的,参见第二周。)如果那个想法之前在头脑中出现过,或者另外其他的负面说辞向你袭来,身体压力反应开关就可能被开启。但是如果你如实地看待这个想法——仅仅是一个想法而已——那么它就不会对你产生那么强烈的作用。

　　研究角:通过标记减轻压力

　　在修习正念中,标记情绪是指在心中陈述你所经历的。例如,如果你感到生气,你在心中说"我感到生气"或者就是"生气"。

　　2007年,加州大学洛杉矶分校的大卫·科雷斯韦尔和他的同事希望了解标记对大脑有何影响,于是他们用一组

27人做研究。当给受试者做脑部扫描时,同时给他们看不同面孔的图片:生气或是恐惧。这些图片通常在他们的大脑产生压力反应,包括在大脑被称为杏仁核的这一部分活动更加活跃。

当受试者用"生气或恐惧"标记情绪时,发现他们的杏仁核活动减少,反而激活了被称为右腹外侧前额叶皮质层的大脑部分,它被认为有助于管理情绪和行为。如果他们用其他的名词来标记面孔表情,则达不到同样的效果。

这项研究也发现,那些更有正念的人,他们的前额叶皮质层活动更活跃,作为一个整体参与进来——大脑的这一部分负责管理情绪、解决问题和做出智慧的决定。

所以,如果你感到有负面情绪,那么在心中默默标记。这样做可以帮助你减低压力反应,并减弱情绪的强度。你也可以在日志上写下这些情绪,或者与某位朋友说出你的感受,以语言表达出来你的情绪。

我知道,就我个人而言,想法是许多压力的成因。当我第一次上科学课时,我根本不觉得自己是位好老师。我的双手在颤抖,我说的每句话都是精心策划过的。我非常紧张,以至于在展示一个激光仪的时候,我意外地把激光仪打开,并指向了同学们!幸好没有人受伤。是什么导致我的压力呢?是在我头脑中不断重复的话,如"你不会教书",或者"你会

在上课时失控",而且一开始我把这些想法信以为真。直到我修习正念之后,我学习到这句格言:

> 想法就只是想法——并不一定是真的。

这种领悟真的改变了我的生命。我知道,这听起来有些奇怪,但是它真的如此。我不再认为头脑中的想法一定都是真的,它们只是想法而已。我学习观察我的这些念头,然后放下它们,或者反问它们,如此我出色地做了10年学校老师!如果那些年我把这些对自己的消极的想法信以为真,我可能会在一开始就停止教书了。

也许你会反驳,万一那些念头是真的呢?为了帮助你检测一个想法是否为真,请问自己下面这个问题:

> 我能百分之百地确信这个念头是事实吗?

如果你对它的真实性有任何怀疑,就只是把它当作一个一闪而过的想法,特别是评判性的念头。

要小心那些带有总是、从不、应该或者必须的句子,它们显示出你的思考绝对化,那几乎不是事实。生活不是非黑即白,例如,当我的工作量很大时,有时候内心会想,"我必须完成这个"——这个强烈的词语在心中产生了不必要的压力。下面是一些更加极端的例子：

"我总是把事情搞砸。"

"我应该工作。"

"她必须准时到达这里。"

"他从来都没有好好待我。"

反思

下一次当你对自己做消极之想时，紧接着对自己说："想法只是想法。"然后，从这个想法中后退一步。记录下这样做的效果。

觉知是经历的容器

把想法看成只是想法，而不是事实本身的另外一种方法，就是学习将觉知作为经历的一个巨大容器。这样你能够以一种更开阔和宽广的方式去观看想法、情绪和所有其他的经历。

在最开始学习冥想时，我发现那个过程让我很振奋，于是我把能用的时间都用在了冥想上。有时候我能打坐几个小时，那个时候我在攻读化学工程本科学位，我总是记得去打坐，而不是复习考试！在那些加长时间的静坐冥想中，有时我会有很特别的经验。身体的感官感觉完全没有了。当然我知道自己还是坐在那里，但是身体的肉体局限消失，就好像身体不在那里。与此同时,我的心完全地开放,如果有一个想法,它非常清晰地在我的觉知里,根本不会引发一系列的念头。这种感觉是深层的放松、和平,一次持续10分钟左右。当结束静坐冥想时,头脑感觉到极为宽广的觉知、宁静而活力充沛,我感觉到自己安住在一种纯粹的觉知之中。

觉知就像是所有经历的容器。我所有的感官感觉、想法和情绪,我的愿望和渴望、梦想和恐惧都被觉知所包容。没有觉知,它们就不存在。

通过经常正念冥想,你将自己体验这一点。觉知在冥想时既照亮你所有的经验,也让你成为经验的观察者,

> 我从来没有在冥想中感到过深深的平和、宁静,像其他人那样体会过。我觉得自己做错了。但是,有一天在淋浴时,我感到没有理由地开心,就只是感到活着很开心。很多年我都没有这样的感觉了。我知道这是冥想的缘故。

而不是经验本身。这不是一种客体经验,而是一种主题经验,它可以被描述成"存在""当下""鲜活"。我喜欢把它仅仅看作纯粹的觉知,它在我的存在核心——总是在那里,并总是自由的。

熟悉把觉知当作经验的容器有如下三个主要好处:

● 你能够从每天的负面经验中更容易退后一步。因此,它们不会导致那么多的压力。

● 你能够以更多的平常心生活,因此更加平和。因为想

法和情绪的出现与消失被看作只是觉知这个广大的容器中的小事情。

● 你可以对自己感到满意,你不需要费劲地拼命改善自己,因为你的本质已经是纯净和完美的了。

容器的概念是一个比喻。有人会说它不是一个容器,因为那样会产生限制。你可以把觉知想象成一个开阔的空间、纯粹的潜力,或者像是海洋,表面的波涛象征着你的想法和情绪,而海底是宁静、平和的。

大多数的人天然地知道在他们内在有一种深深的宁静感。冥想提供了一种深入往内,去连结这些宝贵的内在资源的方式,从而带来焕然一新和新生。

小诀窍:冥想时,避免执着任何形式的"体验",所有的经验都有生灭。正念是放下所有的经验,只是去实践不同形式的练习。即便你突然经验到"纯粹的觉知",知道它,享受它,如果这种体验消失,就将注意力带回到冥想练习。活在此时此刻,而不是尝试活在过去经验的重演之中。

正念与复原力

复原力是有效应对困境的一个过程,它是从低谷反弹的能力。关于复原力最了不起的一点是,它不是一种性格特质,它包括了一系列的注意力、思维和行为,每个人都可以学习。

世界著名神经学科学家理查德·戴维森找到根据，正念的确能够提升复原力。越多地练习正念冥想，大脑就变得越有复原力。在一个压力事件之后的情绪可以激起对你自己的负面故事，或者其他人的，并且会一直持续，这对你并没有帮助。例如，你如果在上班之前与伴侣吵架了，那个对话可能一整天都在脑海里回放。这会继续增加焦虑或心情低落，而原本没有这个必要。但正念有助于减少这种蔓延，如果经常练习，大脑的改变让你可以对以后发生的压力事件更有复原力。

复原力有几个重要方面：

- 积极的人际关系——这是最重要的因素。
- 制订计划和采取行动解决问题的能力。
- 管理负面情绪的能力——在这里正念起到重要作用。
- 有效的沟通技巧。

下面是五种培养复原力的方法：

1. **滋养的人际关系**。在家人之间及以外有着积极和支持性的连结。如果没有，采取行动改善这种处境。加入一个俱乐部、本地团体、志愿者社团，或者是夜校。

2. **找到困境的意义**。当面对困难时，看看是否能发现自己处理挑战的一些积极方式。经常反馈对改善人际关系更有灵性，或者面对更大困难时对生命更感恩。

3. **保持乐观**。通过正念将注意力从负面思维转换到对未来更加积极的想法上。不要把危机看成不可克服的。当非常有压力的事情发生时,你无法改变事实,但是可以学习改变对它的反应。每个微不足道的改变都可以,而且冥想能起到帮助作用。

4. **果断**。做出决定,并采取行动。不要指望某一天事情会变好。如果你不擅长于此,阅读如何提高这种技巧,或者向一位信任的朋友咨询。不做决定本身就是一项决定。

5. **接纳变化是生活的一部分**。期待事情有所改变和逆境的发生,而不是假装一切永远都安好。改变本身也是生活的一部分,你的目标是有效地应对它,而不是避免失去或痛苦。

当提到复原力,弹性是它的另一个名字。学习一些适应改变的方法,让你更有能力应对生活中的变化。

反思

什么样的小举措可以让你即刻开始提升复原力?它可以简单到拿起电话,每天打个电话。

尊重情绪

管理从困境中升起的负面情绪的一个有效方式是尊重所有的情绪,有情绪是可以的——所有的情绪。实际上,它也是必要的。人们所体验到的各种不同的情绪都有一个存在的原因。研究表明，那些将情绪与理智结合运用的人能够做出最明智的决定。没有情绪，理性无法有效地进行，情绪就像是信使，它们的出现是来向你传递信息。当你体验一种愉悦的情绪，你被告知继续做某事；当你感受不愉悦的情绪，是建议你离开。在它们的两极，这些情绪可以帮助你将手远离火焰（恐惧），花些时间与人们相处（爱）。一种情绪，如抑郁，也许在提醒你对自己有太多的自我批评。生气的感觉也许在告诉你某个人触碰了你的底线。

尊重情绪的第一步实际上是留意到它们。如果你感觉悲伤，留意你在身体哪个部位感受到这种情绪，尽可能地准确。越多练习关照身体感受的位置，你就会变得越有正念。在心中标记情绪也会有所帮助。世界著名情绪专家保罗·埃克曼做了大量的研究，跨越不同文化种族，他发现有六种主要的情绪：快乐、生气、恐惧、悲伤、憎恶和惊讶。学习辨识这些情绪是尊重情绪的重要部分。

第二步是停止评判你的这些情绪。也许你认为有些情绪是好的，而有些则是不好的。或者你把所有的情绪都认为是坏的和惹人烦心的，但那并不是真的。人类的情绪经历了成千上万的进化是有其原因的。评判自己有某种情绪只会导致情绪的负面循环，让你封锁在这个情绪之中。

第三步，也是尊重情绪最有力量的一步，就是学习如何慈爱地对待自己及自己的情绪。这种行为就像自责的一剂解

> 我真希望他们在学校就教我接纳。我的一生中都在抗拒情绪,它让我崩溃。现在我学会接纳。我停止与现实的反抗。对我而言,这是与情绪相处的最佳方式。

药,我们许多人通常不自知地进行自我谴责。

试想一下:当有朋友难过的时候,你会怎么样对待他们呢?你会由于他们感到难过而指责他们,或者是会聆听他们诉说?你会给他们一个拥抱或是推开他们呢?你会设法友好地对待他们。那么,今天尝试以同样的方式对待你的情绪,特别是那个被你经常性评价为坏的或错的情绪。当你感到悲伤时,对自己说一些这样的话,如"感觉悲伤是可以的,它是正常的。让我对这个悲伤表示友善。让我柔和地与它相处——带着一份尊重"。尝试将你的手温柔地放在身体能感受到那个情绪的位置,就像当一位朋友受伤时你会做的那样——带着关心和爱护。伴随着你的呼吸一起去感受那个情绪,记住这个情绪是正常的,所有的人都会因这样的情绪而痛苦。

反思:第四周的发现

下面是一个机会,让你去回顾刚刚过去的这一周的经历。

正念呼吸和身体扫描

你觉得正念呼吸和身体扫描练习如何?你是采取坐的姿势吗?如果是的,当后背或身体其他部位出现疼痛你是如何处理的?

如果你感觉到疼痛,不要担心,那非常常见。因为大多数人都习惯坐得挺直和长时间保持身体不动。随着练习,你的背部力量会加强,那么你就会感觉容易多了。

正念助推器:友善

你是否记得每天做一件好事,或者要一周做几次呢?如果是的,这样的行为对你的内心带来什么影响呢?这是一件你愿意经常去做的事情吗?

压力反应常见问题问答

问:我失去了对正念练习的热情。这正常吗?我要停止冥想吗?

答:在课程的第三周或者第四周,人们经常经历到积极性下降。那种最初找到减压新方法的兴奋感或许下降,对冥想浪漫的想法变成了常规减压的方法,就像一个气球爆炸了。但是,不要停下来,这是非常正常的,这也是开始。继续加油,还有更多等待你探索和让你觉得高兴的东西。

问:当我知道冥想对我有好处,为什么我不经常做冥想了?

答:这对许多人来说是个常见现象。停下你正在做的而保持正念,或者去冥想,也许与你的信念、限制性和文化传统不一致,所以一定会有一些抗拒。不要拒绝这些阻力,而是去感受它。留意什么样的念头在驱动这些行为,什么样的感受阻止你冥想,一旦你留意到这点,你已经有正念了。

问:我不断在迷你版和完整版课程之间来回切换,这样可以吗?

答:可以的。你可以做任何一个适合你那一周的课程版本。短时间的练习比完全没有要好。

家庭作业:第五周

这周主要的家庭作业是扩大觉知冥想和身体扫描或瑜伽两者之间的交替,你可以选择适合你的。记得使用下页的表格,找到这周你需要做的练习,并在笔记本上记下你的发现。下面是一些有关这周其他家庭作业的细节。

正念助推器

这周的正念助推器是练习感恩。有许多证据表明,经常细数自己的幸福可以减轻压力,并且提升幸福感、改善人际关系,甚至有助睡眠。你可以通过每天在日志上记下几件事情,入睡的时候想想它们,或者与一位朋友或者与你的伴侣晚餐时分享你所感恩的,以这样的方式来练习感恩。运用任何你喜欢的方式来表达每日的感恩,想一想不同的事情,或者每天不同的要感恩的人,要保持这个过程的新鲜感。

🕐 高难度对话记录

下周将学习正念交流。为了做好准备,建议每周功课的其中一项记录你的高难度对话。

回答下面问题,在其中有一场高难度对话。沟通可以是面对面、电话或者电子邮件。有效的沟通对压力管理非常重要,值得每天花几分钟时间去尝试。即便这个过程只给了你一个觉察,投入时间和精力也值了。

1. 你与谁做的沟通?
2. 关于什么?
3. 这场对话做得怎么样?
4. 你希望从这场对话中得到什么?
5. 从这场对话中你达到了什么目的?
6. 对方希望得到什么?
7. 对方得到了什么?
8. 对话后你的想法、感受和身体的感觉是什么?
9. 现在你的想法、大吼和身体感觉是什么?

第五周

天数	迷你版	完整版
1	迷你版扩大觉知冥想 正念助推器:感恩	完整版扩大觉知冥想 正念暂停:3次 高难度对话记录 正念助推器:感恩

续表

天数	迷你版	完整版
2	迷你版身体扫描或瑜伽 正念助推器：感恩	完整版正念扫描或瑜伽 正念暂停：3次 高难度对话记录 正念助推器：感恩
3	迷你版扩大觉知冥想 正念助推器：感恩	完整版扩大觉知冥想 正念暂停：3次 高难度对话记录 正念助推器：感恩
4	迷你版身体扫描或瑜伽 正念助推器：感恩	完整版正念扫描或瑜伽 正念暂停：3次 高难度对话记录 正念助推器：感恩
5	迷你版扩大觉知冥想 正念助推器：感恩	完整版扩大觉知冥想 正念暂停：3次 高难度对话记录 正念助推器：感恩
6	迷你版身体扫描或瑜伽 正念助推器：感恩	完整版正念扫描或瑜伽 正念暂停：3次 高难度对话记录 正念助推器：感恩

第九章

第六周　正念沟通

在交流中最大的问题是已经发生的错觉。
——乔治·伯纳德·萧（萧伯纳）

学习目标

- 学习正念沟通
- 练习以不同的方式运用正念，从而更深入地聆听和有更有效表达
- 发现情绪和压力在交流中发挥的作用，以及如何管理好它们

下面是广田的故事。他是我的一位线上读者和学生。

广田的幸福有赖于他的伴侣。无论什么时候他被任何事情惹恼了，或是觉得沮丧不开心，他都认为是对方的过错。通常这样就会导致一场争吵。如果他不开心，他责怪他的女朋友。这对他来说似乎是天经地义的。他很少帮着她打扫房间，而她几乎从不做饭。

他的一位朋友最近完成了一个正念课程，并一直赞不绝口。于是广田决心试一试。他像旱鸭子下水一样，虽然课程减轻了他的压力，却是以一种他完全没有预料到的方式。

由于正念的结果，广田对待人生和亲密关系的态度在不同层面都得以改善。现在，他没有那么依赖伴侣获得幸福感了，他不再那么聚焦在女朋友身上，而是更多地注重培养自己的幸福感。当感到沮丧的时候，现在他会花一些时间正念地看看自己内在发生了什么。这让他感觉更好一些。他是怎么做的呢？通过捕捉到负面思维模式和想避免不愉快情绪的苗头，接着做一个简短的正念练习，这有助于消除负面习惯。在修习正念之前，广田处理焦虑情绪的方式就是争吵和责怪伴侣。负面思维模式，包括习惯性的想法，"为什么她惹我不开心"或者"为什么她让我有这么大压力？和她在一起应该感觉轻松才对啊"。接着，就是一连串她该这样做或那样做的念头和陈词。

现在，他的亲密关系更加放松和积极正面。广田全新的存在方式消除了伴侣的压力，他也更有正念，似乎更加放松。他们在讨论关于生孩子的问题，之前他对于这段关系的承诺是很谨慎小心的。

当对自己的想法和行为有了更多的觉察，广田发生了改变。下一步就是对负面思维模式和情绪不立即起反应。慢慢地，他培养了一种从想法和情绪中退出的能力，选择一种健康的行为方式，而不是任由惯性反应模式。

反思：探索你的高难度对话记录

在学习这一章的更多理论之前，让我们花点时间来看一下你的高难度对话记录。如果你已完成了完整版的家庭作业，看看上周所做的记录。

高难度对话记录的目的是给你一个机会，让你看到在一周的高难度对话记录中觉察想法、感受和身体感觉的任何模式，你留意到了任何模式吗？

当我在做记录时，我留意到我最有挑战的对话是与一位朋友。他的一位至亲刚刚去世，我必须打电话给他。我写下的体验帮助我看到，在打电话之前和过程中，我有一些焦虑感，我在胃部感受到这些情绪。打完电话后，我发现头脑重复播放了几次对话，想象我们在打电话，他是怎么坐着的、感觉怎么样以及他是怎么看我的。在过去，我已经留意到帮助处于悲痛中的人们时的逃避模式。只有通过记录下来，这种惯性模式才能够看得如此清晰。

反思：在高难度对话中的习惯倾向

如果你做的是迷你版课程，只需要在笔记本中记录高难度对话中发现的习惯倾向。没有人在谈话的时候是完美的，我们都是凡人，每个人都有各自的挑战。当回顾这种不理想的对话时，在心中记得保持自我慈爱的态度。

认识交流

交流（Communication）源自拉丁语 Communicare，意味"加入""联合"或从字面意思来说"使一致"。但是，沟通多少时候能一致呢？

人类是社会动物，社交的核心在于有效沟通。通过很好地与他人沟通，你能够消除差异、建立信任、分享理念以及找到解决方案。虽然沟通看起来简单，沟通不畅可以导致误解和产生分歧、冲突和压力。正念提供一种促进沟通的方式，这样能够更好地与家人、朋友和同事进行交流。

回想一下，到目前为止你做的所有交流。也许你曾经发出短信息、电子邮件或推特，也许你曾经打过电话或语音留言。当然，也许是曾经面对面地与某个人或几个人交流。但是交流并非只有分享理念，交流是关于分享情感。如果你没有感受到情绪，你无法分享情感。正念帮助你连结自己和其他人的情绪，这是与他人沟通时至关重要的一部分。通过这样的方式，你甚至可以以解决而不是引发冲突的方式沟通负面问题。

在学习正念之前，我几乎从不把自己的情绪说给其他人听。我的文化教养不鼓励分享情感。学习正念之后，我与自己的感受有了更多连结，我开始在信任的朋友中分享自己的情绪。现在，我更能聆听他人讲述他们的感受，并分享我自己的情感。这是我正在成长改变的性格中的一面。正念和日记记录下情绪成了这趟旅程中很有帮助的一部分。

例如,有一次,我被任命担任一个学校的领导,过了几个月后,我被告知要卸任,没有给出任何可以接受的理由或是预先告知。我对那位经理理所当然非常愤怒,并且感受到失望感在体内逐渐增强。通过练习正念暂停,我正念地处理了那个事情。接着,那天晚上在笔记本上写下所有的感受。这帮助我集合所有的想法,并厘清自己的感受。第二天,我感觉能够坦然地将这个经历与亲近的同事分享。他们告诉我,其他人也曾经被那位经理以同样的方式对待。我立刻意识到那位经理对待员工的方式很笨拙,并且也立即感受到没有那么大压力了——不是都是我的错!

缺乏有效的沟通会导致以下几个方面的压力:

• 情绪恶化。这些被压抑的情绪导致压力。

• 无法换个角度看事情。在我自己的亲身经历中,一旦我意识到那位经理在人事管理上有问题,我能立刻松口气。问题看起来似乎巨大,但是当你与他人交流时,你可能意识到其实事情并没有那么糟糕。

• 陷在不断的思索之中。你是否留意过问题在头脑中不断盘旋,又产生多余而不必要的压力?通过仅仅与他人说出来,你可以找到一个有效的方法或者至少感觉好一些。分享的一个问题实际上变成了半个问题。

发现：正念沟通

在个人生活和职业生涯中，正念沟通是一种更有意义的沟通方式。通过正念沟通，你可以感受说话者的说话内容以及他的情绪。同时，你可以有觉知地回应自己的情绪，而不是自动化地起情绪反应。

自动导航的问题

在有效沟通中最大的挑战是自动导航。回忆第四章的内容，自动导航是一种习惯性地活着，而不是有觉知地活着。虽然习惯可以是好的，它们避免让你做决定，看着生活的奇迹在眼前发生，这有点像是一种梦游的形式。

当你无意识地与他人相处，你为自动反应式的沟通创造了条件。如果别人对你说了一些不愉快的话，你也许立即会勃然大怒、陷入悲伤或者是转身就走。没有正念，这就会发生，你没有别的选择。

有了正念，你可以采取以下三个步骤（如下页图所示）。

1. 留意到交流正在无意识地进行。你还是同样的坐姿、同样的态度、做出同样的结论，并且与之前无数次一样的感受。

2. 连结你的感觉。像第一次看着对方，练习真正的倾听、留意身体的感觉和反应。这将把你带回当下这一刻，给你所需要的信息，无论是词语还是情绪，如此你可以选择更智慧地进行回应。

3. 做出决定和行动。决定你要如何回应这场对话。尝试选择一些不同于往常惯性反应的方式。如果它让你觉得不舒服，这是一个好兆头，表明你跨出了习惯性模式。

广田的另外一个挑战：他的妈妈。广田的妈妈常常把注意力放在消极面，所以广田总是避而不见她。手机响了，那一头是他妈妈。广田开始以习惯性的方式争吵，但是，接着他注意到他落入了无意识之中。他坐在床上，连结自己的呼吸，接着选择正念的聆听。这并不容易。他感觉当妈妈说话时，情绪的波浪一浪接一浪打过来。但是，在一个小时谈话的最后，妈妈停下来，并问广田过得怎么样。这不同寻常！她几乎从来没有问过。不知怎么的，广田感觉到妈妈也好像得到允许，从她的无意识方式中走了出来。在接下来的几个月，他期待着与妈妈相处时的正念挑战，他们的关系也日见好转。

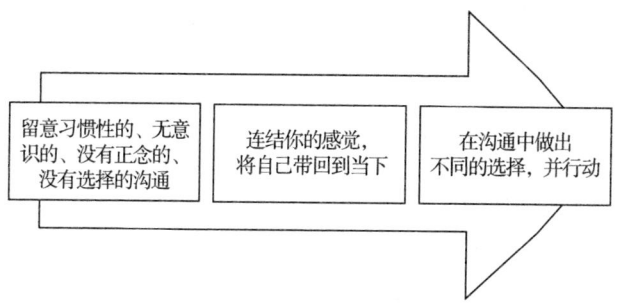

正念聆听

你是否有过同某人说话,而发现那个人心不在焉?他问了一个问题,你回答他,或者开始争吵,而没有领会到你所经历的那些艰苦日子。

> 我结婚已 21 年,但是这么多年我几乎都是无意识地活着。我感恩这段关系把我从梦游式的人生中唤醒。唤醒之后,说"我爱你",才真的能感受到这句话的含义,并温暖着我的心。

倾听本身几乎是不需费力的。困难的是,要抛开所有的想法、欲望和情绪,这些可能造成倾听的障碍。正念聆听就是关于放下的过程。

正念倾听的好处:

1. 建立信任。说话者觉得有人用心听他说话。这当然是他希望的,如果他在说话!如果他觉得被人倾听,他更可能找到更深的连结。信任自然生起。

2. 减少冲突。当你能够更好地理解对方,不太可能发生冲突。以这种方式,说话者不会感到沮丧。

3. 安抚情绪。你可以安抚说话者的情绪。如果说话者情绪激动,给予正念倾听将让她觉得情绪和问题被领会,这有助于减轻情绪的强度。这样的情况,通过正念倾听,你给了他人一个善意的举措。从这个地方,你创造出一个内在空间。在这个空间里,解决方法或是一种不同的思维方式,可能会在说话者或者你自己身上出现。

沟通中正念倾听像是一种冥想。冥想时练习正念倾听，理念是要保持开放，并倾听声音。每一次当头脑跑去想其他事情，温柔而友好地将注意力一次又一次带回来，当听到声音时，不去评判，尽自己最大的可能，带着真正的好奇心、关心和接纳去聆听。

练习：正念倾听

在下一次与人谈话时试试：

1. 为谈话做准备。练习一次短的正念暂停，或者至少做几次呼吸，或者连结感觉。

2. 放下对他人的评判。当他人在说话时，如果你一直有自己的评判，你并没有听那个人说话，你在听你的评判。如果不能做到这一点，尝试用"评判"标记那种想法。想象把评判放在一个盒子里或一朵云朵上，让它们飘走。你不需要赞同那个人说的所有话，但是你也不需要评判他。

3. 给予说话者全然的、不分散的注意力。聆听他说的每句话，不仅留意每个词语，还有他的语气。

4. 当那个人在说话时，你可能会很自然地点头或者说"嗯"。这比盯着他看而对他说的话浑然不知要自然多了。这样说话者感觉更加舒服，同时向他表明你正在倾听，没有走神。

5. 保持好奇心，并表现出好奇心。看起来很有兴趣，使用开放、感兴趣的身体语言看着说话者，运用恰当的面部表情。提出问题帮助澄清对方的论点，并展现出你的好奇心。

是否留意到有时候人们假装在听？你可以从他们的面部表情和身体语言看出来，他们并没有真的在听。他们就是等着插话和发表自己的意见，我们只是在听自己的观点。如果他们真的用心听，沟通会变得更有成效。确保自己不落入那种习性，保证自己不是假装正在听，而是真的用心去听。

打断说话是沟通的另外一个问题。你是否发现自己曾经打断说话者？如果发现自己用"哦，是的，那种事情也发生在我身上，当……"你的注意力在自己的想法上，而不是说话者。沟通不是等待时机说话，而是从理解说话者所分享的内容开始。当我发现自己在打断某人，我知道这是退回一步和更加精进练习正念倾听的时候。

反思

1. 回想上一次与某人沟通很顺畅是什么时候？与谁在一起？你的精神状态怎么样？你说了什么？有效的沟通让你感觉如何？那场沟通中你的正念如何？想想可以如何把那次的经验运用到以后的沟通中去。

2. 回想一次沟通得不错的高难度对话。你是如何应对的？聆听的品质如何？可以将这次的经验如何运用到未来的沟通中去？

如果你愿意，请在笔记本上写下你的想法。

超越语言：非语言沟通

当谈到某件对你很重要的事情时，非语言沟通比真实语言能传达更多信息。非语言沟通包括身体语言、面部表情、语音语调、目光交流和体态。还有一个更加精微的部分，甚至是呼吸和肌肉紧张度都有影响。你的情绪更多是非语言表达的，而不是你实际说的。

通过学习非语言沟通，你可以更加有效地表达自己和理解他人。这特别有助于在有挑战的沟通中解决冲突。我喜欢把这想成用眼睛去聆听，而不是只用耳朵。

运用开放的身体语言，松开交叉在胸前的双手，并在对方说话的时候，看着他。

加强你对语言沟通的理解

在学习非语言沟通时，看着对方是一个非常好的方式，有助于提升你的沟通技巧。我喜欢坐在咖啡馆里观察人，通过他们的非语言沟通，试着猜测人们之间的情绪状态和关系。当你无法听到他们在说什么，你开始学习非语言沟通，甚至关闭声音观看电视，这样可以告诉你身体语言的力量。这是很棒的练习。

但是，有几件事情要记住：

1. 来自不同文化、不同年龄和不同性别的人使用不同的身体语言，因此对于每个信号不要太深究。例如，良好的目光交流几乎是西方社会的准则，而在有的国家和地区却被认为不礼貌，包括亚洲和非洲一些地区。越少进行目光交流表示越多的尊敬。

2. 把一组身体语言信号作为整体而不是单个来看待。例如，如果碰巧有人双手交叉于胸前一会儿，这并非她真的很害怕或者防御性，或许她只是感觉有一点点冷，没有穿外套。但是如果她也避免目光接触，向四处张望而且有点跳跃，这也许表示她在为某事担心。

研究角：身体姿势如何改变一生

社会心理学家艾米·卡迪曾设想：主动地采取一种自信的姿势，两分钟时间是否会影响一个人的压力水平呢？

于是，她测试两组随机的人群。第一组采用一种开放的身体姿势，这种姿势通常显示出很高的自信心和力量。例如，身体坐直，胸部打开，双手放在脑后。而另外一组采用内收的身体姿势，双手和双脚都夹着，这显示出低自信。

在保持高自信心姿势两分钟后，测试参与者的唾液。这项短时间的实验结果令人感到惊讶。开放式身体姿势的那一组压力应激激素水平降低大约25%！而内收式身体姿势参与者的应激激素增加了10%。

卡迪进行的另外一项研究，在面试前采取两分钟高自信心坐姿，极大地提高受聘的机会，它甚至比面试者实际上说了什么，或者面试者的资质更重要。主要的原因是：姿势给人留下更深刻的印象。

所以不妨试一下，下次当你面对有压力的处境，如，参加面试、做演讲、讲课或者看医生，花两分钟时间正念地打开身体的姿势。去卫生间、办公室或者在电梯间真正地伸展，打开身体，只要两分钟。站直，做一个大五角星的姿势（伸开手臂和双脚，尽量往外分开），而且是有正念地进行。感觉你的呼吸、身体的感觉和情绪，你的压力水平将下降，自信心将增加，这是有科学依据支持的。无论是一场面试或是一场演讲，这样的两分钟将改变你的人生方向。

提升你的非语言沟通

非语言沟通中的基础技巧是与你的语言和身体语言相匹配的。如果你正在说某件让你兴奋的事情，你需要面带笑容、语速快一点、语调高一点，并有恰当的手臂动作。例如，如果你说的话与非语言沟通不一致，听众未必会相信你。

小诀窍：当你为一场会面/会议感到焦虑时，如约会，这是运用身体语言的最佳时机。假设你笔直地站着，微笑和保持目光交流，语速慢一点，尽管你感觉恐惧，但是也许你的情绪开始放松。这是一种运用身体减压的更明智的方式。

压力和正念沟通

如之前所读到的,一定程度的压力是没有问题的,它是生活的一部分。但是,持续高压将破坏你的关系。这是因为大脑高水平功能被"战斗或逃跑"反应所关闭,你更有可能以一种日后后悔的方式进行反应,这是大多数人都有过的体验。正念沟通既能帮助你阻止压力继续上升,又能发现更快应对压力的方式。这样压力就不会对关系造成持续破坏。

当你与老板处在一场白热化的沟通之中,你可以停下来做10分钟冥想!那么,如何能帮助你减轻压力,使这场交流不会失控呢?下面是一些小建议:

练习:应对交谈中的压力

任何时候只要你感觉有压力,这些练习可以在一场对话中反复使用。越多地进行练习,当需要的时候,你就将越轻松地使用它们。

1. 认识到自己的压力水平在上升。观察你的压力信号,如肩膀部位的紧绷、心跳加速、想要不断地打断说话者或者是胸部的紧绷感等。或者你也许不说话,并且感觉想逃跑,眼睛往下看,或者僵住。

2. 做一个呼吸。感受一个完整的吸气—呼气,即使说话者正在讲话。把注意力切换几秒钟到呼吸时身体的感觉,鼻子吸气和呼气,这样看起来你不像在沮丧地叹气。

3. 连结一种感觉。选择无论哪种适合你的身体感觉。对我来说，我喜欢连结双脚放在地板上的感觉，或者身体坐在椅子上的感觉。你也许更喜欢带着一种好奇心去留意说话者的样貌，倾听周围所有的声音，包括说话者的声音。

4. 寻找中间点。如果你愿意妥协，你也许可以找到一个中立的位置，它虽然对你或对方都不理想，但是至少可以找到一个解决问题的方法。根本不愿意妥协经常会导致更有压力的沟通，这并不是与他人的最有效的沟通方式。你们都有需求和愿望想得到满足。

5. 看到有趣的一面。我知道这一点在一场激烈的高难度沟通中更加困难，但是幽默是一种不错的平息紧张气氛的方式。如果你可以从更大的格局来看待问题，也许能够看到处境中令人轻松的面向。

小诀窍： 如果发现自己在某种关系中很有压力，无论是个人还是工作，而且似乎无法停下来，与其更加努力地去处理压力，不如只是看看。尽可能地对谈话和压力都保持正念，不要尝试阻止任何的情绪或沮丧，留意你的身体、从嘴里说出的话语还有升起的紧张感。如果忘记正念了，也要对这一点保持觉察！带着正念和慈爱，观察你自己的行为，并为转变的自然发生创造条件。

正念沟通和情绪

沟通经常是由情感所驱动，而高难度沟通中经常包含这些情绪，因此交流的品质取决于你对自己及他人情绪的觉知。例如，如果你焦虑却不自知，你也许发现自己为了一件小事对伴侣大吼大叫，而不是说出真正让你有压力的原因。

如果对自己的感受缺乏觉知，你不能与他人分享你的情感及需求；如果你对其他人的感受缺乏觉知，你也不能立即帮助他们。这种觉知的缺乏导致双方的沮丧，因为双方的需要都没有得到满足。

正念情绪是一项至关重要的人生技能。也许你对强烈的情绪感到恐惧，如悲伤或愤怒，但是逃避、压抑或抗拒这些情绪，它们会变成一个更大的问题。正念情绪帮助你带着一份接纳觉知情绪，如此你可以选择要么只是与感觉在一起，或者决定以合适的方式表达出来。对情绪的反应仅仅用发泄愤怒，既不合适也无济于事。学习与情绪在一起，好好地表达它更让人愉快和有效果。

练习：评估你的情绪觉知力

回答以下问题评估你的情绪觉知力。如果觉得有帮助，请在笔记本上写下你的答案。

- 你是否把情绪当作一种身体感受？
- 你是否使用情绪或直觉指导你做决定？
- 你是否关注过内心不断变化的情绪，而非仅留意到一天中才一两个情绪？

- 你能舒服地与自己所有情绪相处,并愿意与其他人分享你的情感吗?
- 通过换位思考,你能体会其他人的情绪吗?

越多的答案是否定,那么现在你就越少能够觉察到你的情绪。可以通过如下方式,提高情绪觉知力,从而改善沟通交流。

- 练习正念觉知情绪,这是第八章扩大觉知冥想中的一部分。
- 标记情绪。当有情绪时,在心中默默地标记,无论是愉快的还是不愉快的。
- 问自己,"我感觉怎么样?在身体哪个位置我感受到了这个情绪?"每天问自己几次。
- 与一位信任的朋友说出你的情绪。
- 在一场高难度对话之后,记日记,并写下你的反思和那一天的情绪。

练习:正念说话和聆听

下面的这个练习你可以找一位伙伴一起做,如伴侣、朋友或者任何其他人。时长大约5分钟。

1. 首先邀请搭档先说,他可以说任何想对你说的,5分钟时间。设置计时器。

2. 正念地倾听,不要有任何打断。你可以运用在第252

页讲授的方法。

3. 记得使用非语言沟通技巧,包括目光注视对方表示出你正在认真听对方说话,以及留意任何出现在你脑海中的想法和感觉,把它们暂时放到一边。

4. 你可以只是把它当作一种冥想,而不是平时的聆听方式。这种倾听的方法将有助你从平时自动导航模式或者惯性地听人说话中脱离,代之以一种更有正念的倾听方式。

5. 当时间到了,交换角色。这一次轮到你说话,对方练习正念倾听。

6. 当你说话的时候,可以充分运用你的时间、留意你在说什么,并听听自己的语调。如果你感觉不自在,可以不这样做。但是,我知道对我个人而言,听自己说话让我更有正念,让我说话更慢,表达更生动。

深入练习:在说话之前和之后练习正念暂停。如果你想要进一步挑战自己,那么谈论一个让你更能情绪激动的事件。

反思

练习结束时,讨论一下你的发现。对自己及你的朋友有什么发现?什么是你喜欢的?什么是你觉得有挑战的?你发现哪个部分对你更容易,倾听或是讲话?这与你日常生活中的体验也是一样的吗?特别地专注于讲话的过程,并正念倾听。

正念地坚定自信：超越消极和咄咄逼人

当你坚定自信时，你能够表达自己的需求和愿望，同时也能够尊重他人。这将使沟通交流与人际关系更真实与和谐。但是，大多数人对坚定自信与咄咄逼人感到困惑。当你在沟通时坚定自信，你既不是咄咄逼人也不消极。

研究角：日记像一剂良药

本书中我提供了许多写日记的机会。下面是一些从写日记对健康的益处方面所做的研究。

德克萨斯大学心理学教授詹姆斯·彭纳贝克博士被认为是研究日记的鼻祖。1988年他的经典之作，50名学生被分配写日记，记录下他们人生中最有创伤的经历，或者是每天日常经历。4人一组。6个星期后，他发现那些记下生命中创伤经历的学生更加阳光积极，相比较那些只写下日常生活经历的对照组学生，这一组更少人生病，细胞免疫系统功能增加，而且只有其中几个去看过医生。处理创伤性经历似乎更有益于身体健康。

在另外一项名为"记录压力体验对哮喘或类风湿关节炎患者减轻症状的影响"的研究，发表于1999年《美国医学协会》杂志，有112位哮喘或类风湿关节炎患者参与。其中一组被要求连续3天，每天记录20分钟日记，写下他们人生中最有创伤性的时间。因此总共是1个小时。4个月后，写下压力事件的那一组几乎50%患者显著地显示出临床症状减轻！这个实验报告称，如果有某种药物被发现具有同等效果，那么在短时间内会非常畅销。

我想，通过在纸上表达出情绪，参与者对他们压抑的情绪更有觉知，这减低了压力水平、提升免疫系统并让他们更加健康。这是一种在相对较短时间内，既容易而又便宜的管理压力的方式。所以不妨试一试！

一个正念地坚定自信的人清晰而敏锐地说出他的需求。

一个咄咄逼人的人毫不在意地提出他的要求。

我使用"正念地坚定自信"这个词来强调，它不只是伸张你自己的权力，也洞悉他人的需求。正念地坚定自信是在一个富有慈爱的正念觉知背景下，对自己和他人的思维模式修习自信心。

超越消极沟通

如果沟通中你是被动的，你更有可能同意其他人的想法，即使是他会无视你的需求。如果你有强烈的想讨他人喜欢的愿望，那么你就有一种倾向于被动的趋势。

我个人的性格比较被动，尽管我非常外向。我不觉得冥想会帮助我变得更加主动。但是，实际上通过冥想我可以更好地应对情绪，如焦虑。当我必须解释或为自己挺身而出的时候，我把它当作一个修习正念的机会，而不是逃避不舒服和采取被动行为。现在，我经常享受这种挑战。

被动的人通常被认为是善良和友好的，正如正念地坚定自信的人。但是他们却难以对自己同样善良和友好，他们不把自己当作与他人同等重要。如果你也这样，结合正念及坚定自信的技巧将帮助你减轻压力。

例如，如果你姐姐要你去商店买一些面包，一个被动的反应可能是"我照顾孩子很忙，要把乔恩送去上钢琴课，并答应迈克尔回家做晚饭，但是我会在这之前尽量挤出一些时间"，一个更坚定的回答有可能是："不行，今天我没有时间，我真的很忙。对不起，这次我帮不了你。"

> 对一个人说好也许意味着对另一个人说不，
> 在你同意他人的请求前，三思而后行。

传统的自信心训练中说要避免道歉。但是正念自信是关于友好和良善以及坚定。它的理念是要创造出一个双赢的局面，因此双方都至少有一些被满足。

练习：正念地回答他人的要求

下一次当你要求做某件事情时，觉知你的感受。如果你发现自己又在自动化地说好，只是留意。在谈话结束后，做一个正念暂停。接着，把自己的需求看成他人的需求一样。

如果你觉得自己可能对他人太友好了，而对自己一点都不友好，打个电话给对方，礼貌地告知对方你无法满足这个需求。不时地练习，你会变得更自在地坚定自信。

减少攻击性沟通

当你在沟通中有攻击性反应，你是在说自己的愿望、需要和权利比他人的都重要。攻击性反应包括诉说而不是询问、不必要地催促他人，以及不把感受当回事，甚至忽略就是攻击性的一种形式。

攻击性沟通缺少慈悲之心。这样的人无法从他人的角度看问题，而只考虑他自己。如果你在进行一场攻击性沟通，你更有可能引发一个被动或激动的反应。如果对方反应激烈，你不太可能满足你的诉求或愿望。如果其他人被动地反应，你也许使他感觉更沮丧或更有压力，而不是改善人际关系。

智慧故事：海星的故事

从前有位男士沿着海边散步，他看到远处有个小男孩着急地把某个东西扔进海里。他走近小男孩，并问道："嘿，你在干什么？"

"我在把海星扔回海里。海水退潮了，如果我不把它们扔回去，它们就会死掉。"小男孩回答。

那位男士笑了起来："看看海岸线。这里有成千上万的海星。你这么做不可能有什么影响啊！"

小男孩耐心地听他说完。然后他弯下腰，捡起一只海星，轻柔地把它扔进海里。他微笑着对那位男士说："我对这一只海星有影响。"

这个故事对你有什么意义呢？对我而言，它提醒我：每一件微乎其微的善行都会有所影响。

练习：正念地留意他人对你的反应

当你与他人说话时，留意其他人的反应。留意他们的面部表情、身体语言和语调。如果人们有防御或攻击性反应的倾向，那么也许你说的话过于具有攻击性。在评判自己或做出任何改变之前，只是开始观察。在互动的过程中，每当你想到这一点的时候，都要这样做，以便可以更有正念地觉知你可能对他人的影响。避免想在一开始改变的冲动，只是观察它。如果不带评判地观察人们的反应，你的改变会自然地发生。

保持正念地坚定自信

保持正念的自信，是对你自己的需要以及他人的需要采取平衡的观点。你可以表达自己的需求，但是也要倾听别人的需要，并寻求一个友好的解决问题的方法。

下面是一些正念自信的行为：

- 当别人说话时，要正念地倾听别人的意见，不做评判。
- 既愿意承担你的责任，也同意委托给他人。
- 能够正念地觉知到自己的情绪，避免对它们做出反应，并进行有意识的选择。

- 当你做错了,愿意真诚地道歉。
- 对他人为你做的事情表示感谢,并表达你的欣赏之情。
- 能够平衡好善待自己和他人。
- 当你过于被动或过于偏激时,要原谅自己;做些小改变,下一次让自己更自信。

这里有两种正念技巧,让你在沟通中更自信。

交通信号灯沟通

作家苏珊·查普曼擅长正念沟通。当教导正念沟通技巧时,她喜欢使用交通信号灯为模型。

红灯代表关闭或防御。你的先生迟到一个小时才出现在餐馆,而且都没有道歉,一场争吵随之而来。你的关注点在自己的需要而不是他人的。你没有考虑亲密关系,而只是责怪他很没有礼貌,并且你很饿。你可以在红灯交流区几分钟、几小时、几天、几年甚至一辈子。

黄灯是在两者之间。你的先生晚餐迟到,但是你没有被情绪完全淹没。这里有一个机会做出选择。你可以延续红灯路线,变得被动或咄咄逼人。但是你也有另一个选择,带着一股正念觉察力和对那个情形可能做出的不同反应,你可以让状况变得更好。连结自己的感受和感受餐厅散发的香味让情绪缓和。你给他一个亲吻,点了开胃菜,迟到的原因可以后面再说。你进入绿灯而不是红灯。

绿灯是开放。带着一种开放,你可以连结慈悲、好奇和接纳。这是一种正念的状态,他人的需求如你自己的一样重要。你可以爱、关心和同时感觉其他人的痛苦以及趋乐避苦的愿望,你带着一种关切去了解先生的迟到,并且很高兴地看到他平安健康地到达。不久之后,餐桌上就充满了欢声笑语、令人愉悦的交谈,还有一盘意大利面。

练习:找到真相

这是一个很棒的方法,你可以在任何有人对你语气咄咄逼人时练习。只是从那个人说的话中找到真相的部分,赞同那一个部分就好,即使它有一些尖锐、挑剔。

下面是练习方法:

1. 倾听对方说什么。

2. 留意任何在身体内升起的强烈情绪,并去感受它们,同时关注呼吸。

3. 以一种平静的方式表达,强调事实本身。

4. 再次正念地聆听,不评价对方"不好",因为那会引发更多冲突和压力。相反的是,倾听和寻找真相的部分。

5. 再一次运用正念去接纳,并从你的想法中退出来,重复任何真相的部分。

例如:

对方：你还没有做晚饭！你真懒！（尖锐的语调）

你：是的，我还没有做晚饭。（平静地回答）

对方：我上班这么辛苦，我又累又饿，你到底怎么啦？（仍然咄咄逼人）

你：是的，我知道你既累又饿，也很辛苦。实际上我一直在忙着照顾孩子们。我马上准备做饭。（找出真相，通过呼吸保持平静）

对方：哦，我知道了。我来陪他们。（平静许多的回答）

练习：同理心的信心

这是一种有觉知的方式，在说出自己的需求之前，承认他人的感受，以这种方式你表达了同理心。可以从陈述对方如何看待这种情形开始。

例如，下面是某人首先承认停车场服务员所说的：

"我明白，你说通常你给了停车券后不退款。"

接着，说出你的需求：

"但是，在这种情况下，我付了停车费。所以我希望能够退款，谢谢。"

接纳对方所说的话可以让他觉得没有那么抵触，更有可能得到想要的结果。这需要练习和正念。然而，因为情绪一般都比较高昂，首先，在没有那么白热化的沟通中练习，然后再找到你自己解决最紧张情形的最佳方式。

演绎沟通风格：从动作中学习

在工作坊中，我喜欢让人们做出不同的姿势，从而体验不同的沟通风格：被动、攻击和正念沟通。如通过活动和动作练习，而不只是阅读，这种认识情绪的方式特别有效。

下面我描述了三种不同角色表演的场景。若时间允许，与你的伴侣或者朋友尝试每种练习。

练习：被动沟通

在这个练习中，你将要通过身体扮演角色，而不是用实际的语言沟通，表演出一场被动交流方式。

1. 与搭档面对面站着，距离大约 6 英尺。做几个深呼吸让自己安住，调整情绪状态。

2. 邀请对方举起双手，与地面平行，朝向你的方向。

3. 当他要靠近你、推你的时候，以一种被动的方式躺在地板上，认输。

4. 当你躺在地上时，对方只是从你身边走过。

反思

如果你愿意的话，请在笔记本上写下你的想法。

在这场互动中你有什么感受？你有什么样的想法？这是你熟悉的沟通方式吗，或者与你的不一样？与其躺在地上，你想做出怎样的回应？

练习：攻击性沟通

这一次，你要通过身体扮演角色，表演出一场好像咄咄逼人的沟通形式，而不是用真正的语言沟通。

1. 面向你的搭档，大约 6 英尺远。
2. 邀请你的搭档平行举起她的双手，同时你也做出同样的动作。
3. 向对方靠近，与对方互推，但是不要撞到彼此。
4. 继续推。你的搭档越用力推你，你也越用力推过去。

反思

这个练习中你的感觉如何？与第一个场景中你的情绪相比有什么不一样？这次有什么样的想法出现？相比前面的被动沟通，有些人感觉在这种攻击性沟通中更有力量，而有些人则感觉不舒服，似乎这是不自然的。

练习：正念沟通

最后，这个练习中，你要通过身体角色扮演示范出一种正念的坚定、自信的沟通方式。再次说明，这是以无声的方式进行的。这一次，请脸上带着一丝微笑，提醒自己在沟通中要有幽默感。

1. 双手在胸前平举，与地面平行，你的搭档也做同样的动作。

> 我是性格火爆的人。这导致了我很看重的一段关系破裂,我感觉心烦意乱。正念帮助我看到在愤怒之下的恐惧,并学会用呼吸和自我慈爱的方法舒缓焦虑。我没有开始一段新的关系,但是我更能平和地与自己相处了。

2. 当搭档靠近你的时候,你也朝向她走近,看着她的眼睛。

3. 当她继续向你靠近,抓住她的手腕,利用这股力量温柔地将能量导向一边,而不是朝向你自己。

4. 运用搭档手臂的力量去移动,仿佛是跳一支舞,跟随彼此的流动。稳稳地站着,既不逃跑也不强行控制,顺应搭档使出的力量,并使用一点力气去引导这股能量。

5. 保持觉知,一个片刻接一个片刻。通过对方的身体动作,了知她的观点,并以你希望的方式,通过身体引导她的手臂表达你的观点。

我个人很喜欢这个练习。你可以从身体层面去体验,他人对你不太费力地施加力量是什么样的感觉。它有点像是自由舞蹈,跟随彼此的动作。当跳舞的时候,它像是很不费劲,是一种乐趣。你不知道接下来会发生什么。一个片刻你们在跳一个圆圈,而下一个片刻你的搭档在旋转,你们俩人都开怀大笑。在遇到不同层次的高难度对话时,这是一个非常棒的比喻,而不是躲避、逃跑或者反击回去。

深入练习:如果你喜欢角色扮演,那么可以多做尝试!有一种方式是当搭档向你走近时,你也走向他。然而,还有一种方式是当对方向你靠近时,你选择逃跑。如果有时间,都可以尝试一下,并且可以自己创造。无论在一对一还是团体沟通中,我们有许多种方式。在允许的情况下,也尝试听听一行禅师的建议。

一行禅师

一行禅师,诺贝尔和平奖提名者,著名的禅宗正念冥想导师。下面是他称为"正念的或富有慈爱的沟通"的主要建议的摘要。

沟通的核心是倾听和爱语。

倾听:带着同理心去倾听,可以减轻对方的痛苦。即使对方在说明情况时有误,你只要深入去倾听。当你认为他准备好来听的时候,再纠正他的解释——但不是现在。就目前而言,不用打断他或去争论;用心倾听一个小时会有疗愈作用,使其发生改变。

爱语:越南有句俗语说"爱语并不"。当处理高难度对话时,使用爱语,并寻求帮助。例如,"亲爱的,我正在受苦,我希望你知道这一点。亲爱的,我已经竭尽全力;我尽量不去责怪任何人,包括你。因为我们彼此如此亲近,因为我们对彼此都有同样的承诺,我觉得我需要你的支持和帮助,从这痛苦、愤怒之中走出来"。

正念冥想的练习和正念地生活将有助你谛听和爱语。

反思

做这个练习时有什么样的感觉?在心中有什么样的想法出现?你喜欢这个过程吗,或者你觉得它有点难度?那个移动的过程像一支舞蹈吗?或是你仍然感觉到与搭档之间有某种反击或抗拒?

练习:正念瑜伽

⏱ 迷你版:10分钟

⏱ 完整版:30分钟

音频9和10

按照第十三章练习迷你版或完整版瑜伽体式

练习:扩大觉知正念冥想

⏱ 迷你版:10分钟

⏱ 完整版:30分钟

音频15和16

这一周扩大觉知正念冥想练习与上周的一样。记得选择迷你版或完整版。现在就做,找到一个舒适但是挺直的姿势。在音频的引导下进行。

深入练习:回应压力的冥想。在冥想结束后,尝试接下来的练习。

⏱ 时长5~10分钟

⏱ 音频 17

1. 在心中回想一件最近发生的有挑战性的事情，一个此刻你愿意去面对的处境，它曾带给你一些压力。不是你最大的挑战，而是太小的，根本没有压力的那件。在压力 1 ~ 10 中，3 是一个好的选择。

2. 让那个情景在脑海中栩栩如生地浮现。想象在那个处境中，还有哪些与之有关的困难。

3. 留意在身体任何部位可以感受到的压力。身体紧绷、心跳加快、一点点流汗、胃部不舒服、后背或肩膀发紧，或许是下巴发紧。仔细留意你的压力信号。

4. 连结你的情绪。留意你的感受，如果可以，标记你的情绪。觉知任何你所感受到的情绪，在你的身体中尽可能地去觉察。越准确地定位情绪的位置，你就能越多地注意到它。随着时间和经验的积累，你会做得越来越好。

5. 将一只手放在那个感觉的位置，友好的手代表着友善。做的方式就像你会把手放在一个孩子受伤的膝盖上一样，带着关心和爱。

6. 感受那个感觉的呼吸，可以促进当下这一刻的觉知，保持对体验的正念。

7. 当你准备好的时候，结束这次冥想。

反思

对压力回应的冥想对你有什么作用？写下你的体验和反思。

这是一个重要而有挑战的冥想，学习有技巧地应对压力和压力产生的情绪，不立即起反应，而是学会与这些负面情绪相处。

正念日的准备

这周的正念减压课程有一天的正念日练习（细节将在下一章介绍）。如果你参加的是迷你版课程就不需要做。如果是完整版并想从正念中获得最大的利益，看看你的日程安排，看怎样能腾出时间来做一天的正念修习。这个时候，你所需要的就是找到一天正念日的时间，在那一天你不需做其他任何事情。

正念日的好处如下：

- 一个接着一个的正念练习，这是一个深化正念觉知的体验的机会。
- 一个发现身心对更长时间的正念修习有怎样的反应的机会。
- 更长时间保持正念训练的时机，而不是立即回到平时的习惯中。

我记得参加正念师资培训时，最后一天的正念日，一位女士泪流满面，她用生动的方式解释道，花一天的时间保持正念和休息这种体验正是那时她所需要的。几年前，她的父亲过世了，她一直把自己与悲痛隔离开来，她以为她无法应付这种情绪。那一天她给了自己空间，继续逃避那种感觉，并鼓起勇气允许它们慢慢地出来。这是完全没有意料到的。几个月后，她说那天是她一生中重大的突破，现在她感到更加快乐和自信。

反思：家庭作业进展如何？

扩大觉知冥想、身体扫描或正念瑜伽的家庭练习进展怎么样？哪些进展还不错？哪些还有一些困难？

如果你这些天没有做练习，你会有什么样的想法？是什么阻止了你做练习？

冥想和正念伸展常见问题问答

问：我很喜欢瑜伽，但是身体扫描和扩大觉知冥想对我并没有什么效果。我可以停止不做吗？

答：所有的这些冥想都以一种精微的方式在发挥作用，并有各自的时间。如果只是因为没有立即感受到好处，并不意味着它们没有效果。就像你在课程开始之初承诺坚持八周一样，所以给它一些时间。只剩下三周了！到那个时候你可以再做决定。

问：我希望昨晚这些冥想练习后，头脑中喋喋不休的声音可以安静下来，但是它们并没有真的停下来。我哪里做得不对吗？

答：恐怕头脑中喋喋不休的声音总是会在那里。有时候它变得安静，而有时候更多，譬如当你有压力的时候。关于正念很了不起的一件事就是，你可以保持正念，无论它们怎么喋喋不休。你可以承认它们在闲聊，然后继续回到关注呼吸，或是伴侣的顾虑，或是路边的一棵树。把头脑中的喋喋不休看成是外面的天气，它总是在变化。放弃所有想要它们安静的想法，尽你所能地把所有的注意力都放在保持正念上。那是最没有压力的方式。不需要把它们变成另外要处理的问题。把头脑的喋喋不休当成提升正念觉知的垫脚石。

问：我在瑜伽练习时过度拉伸伤了自己。我觉得自己太笨了，走路时都一瘸一拐。我该怎么办？

答：你并不笨。"我太笨了"这是什么样的想法呢？这是自我评判。在此处留意你的思维模式。作为一个瑜伽初学者，你评判自己犯了错误。很有意思，是不是？看看是否可以在日常生活的其他时刻，也留意到这样的评判发生。这就是正念的意义所在。

> 对于初学者，有时候会做过头。我也曾经犯过这种错误！
>
> 你正在探索身体当下的极限，并超越这个极限。这是瑜伽练习中的一个探索过程。休息一下，当感觉好起来，重新开始练习，放松地伸展。正念瑜伽更多是一种正念练习，而不是身体运动。

问：我更喜欢不跟随音频冥想，这样可以吗？

答：可以的，没有问题。你可以选择音频20～23，没有语音只有铃声提醒你时间到了。

问：为什么我们要觉知想法呢？我练习正念的全部理由就是希望不再注意那些负面想法。如果我关注它们，我知道结果会怎样，那并不是好结果。

答：首先，所有的练习都是你的选择。如果你觉得它们不适合你，你可以停止。练习正念觉知想法的原因是不回到平时习惯性的路径，而是看着它们，好像你与它们是分离的，仿佛你看着天空的云朵。你不能停止头脑中来来去去的念头，那是它们的本性。

练习：纸云朵

如果回顾你的想法有困难，那么这是一个有趣的练习。拿几张纸，把它们剪成云朵的形状。在云朵上写下你常有的想法，然后把它们放在眼前，让它们从你的左边进入视线，从右边消失在你的视线，然后直视前方。这时没有必要再往下看每一张纸云朵。看看你是否能以同样的方式看待每个想法，就像看另一朵云朵。重复做几次，直到每个想法看起来几乎在情感上都没有变化，接着把这些云朵都扔到垃圾桶或者烧掉。这样做可以增强放下这些想法的感觉。如果你愿意，可以在笔记本上写下来。

家庭作业：第六周

这一周主要的家庭作业是在扩大觉知冥想和身体扫描或瑜伽之间交替。你可以选择每天感觉适合自己的。记得使用表格提醒自己这周需要做的练习，在笔记本上记下你的发现。

正念助推器

这周的正念提升是每天做一次正念沟通练习。可以是某位与你亲近的人，或者上班时与同事之间简短的几分钟，或者是家附近的商店。记得停下来，观察、倾听和避免打断说话，保持一种开放的身体语言和好奇心，留意语调和对方的身体语言。你的发现将对理解自己和人际关系都有巨大影响，所以记下你的觉察，并花一点时间反思你对自己的发现。

正念暂停

如果你参加的是完整版课程，那么在一次有压力的事情之后练习正念暂停。可以的话，利用它作为回应压力的体验机会，而不是应激反应。如果真的发现自己对压力是自动化的反应，也留意那种评判。写下你的发现。

第六周

天数	迷你版	完整版
1	迷你版扩大觉知冥想 正念提升：正念沟通	完整版扩大觉知冥想 正念暂停：3次 正念提升：正念沟通
2	迷你版身体扫描或瑜伽 正念提升：自我慈爱	完整版身体扫描或瑜伽 正念暂停：3次 正念提升：正念沟通
3	迷你版扩大觉知冥想 正念提升：正念沟通	完整版扩大觉知冥想 正念暂停：3次 正念提升：正念沟通
4	迷你版身体扫描或瑜伽 正念提升：自我慈爱	完整版身体扫描或瑜伽 正念暂停：3次 正念提升：正念沟通
5	迷你版扩大觉知冥想 正念提升：正念沟通	完整版扩大觉知冥想 正念暂停：3次 正念提升：正念沟通
6	迷你版身体扫描或瑜伽 正念提升：自我慈爱	完整版身体扫描或瑜伽 正念暂停：3次 正念提升：正念沟通

第十章

正念日：深化你的觉知

有一片田野，它位于是非对错的界域之外。我在那里等你。当灵魂躺卧在那片青草地上时，世界的丰盛，远超出能言的范围。

——鲁米

学习目标

- 理解一日正念静修的原因
- 了解准备正念日的最佳方式
- 决定什么时候进行你的一日正念
- 克服通常出现在正念日的挑战

什么是正念日？

正念日的目的是训练我们的心更加活在当下。

一天的正念包括正念冥想练习及以正念止语的方式进行其他的日常活动。这一天从早上醒来的那一刻开始，到晚上睡着的那一刻结束。

止语的状态，头脑将变得平静，感觉也会变得敏锐。身体的感觉可以更多被觉知，情绪也可以变得更加明显，无论是不愉悦的，还是愉悦的。当然，这是概而言之。每个人的体验都不一样。但是，我发现每个人都为一天正念可以带来的蜕变而感到惊喜。

在日常生活中，有许多的干扰——电视、网络和电话等。还有许多的工作要完成、各种各样的问题要解决，这些都需要大量的思考。所以，难怪当你坐下来想要打坐，头脑中一直盘旋着很多念头，专注自然是很困难的。

一天的正念日让你远离责任。你有时间只是在这里，而不是不停地做事情。在这段时间内，你将获得三大利益：

1. 身心有时间减压。不再不停地做事情，你承受更小的压力，因此开始放松，有点像是一次没有压力的旅行。

2. 对于心的运作你有了新的认识。你留意到一些模式，如总是思考未来，或者当你做某件事情没有成效时感到内疚。这种自知之明帮助你认识到你为什么总是感到有压力，并缓解焦虑。

3. 头脑有时间平静下来。平时每天的刺激让头脑过度活跃。在这种更加平静的状态下，你可以开始感受到更多的平和，以及一种清晰感。

这些利益在平时日常活动中很难获得，因为你太忙了，无法注意到。

我喜欢每个月修习一次正念日。经常由于其他的事情无法实现，但是那是我的目标。如果你觉得正念日有所裨益，你可以一个月进行一日或半日，或者也许每季度一次。

正念日止语练习有时候也被称为"神圣的静默",一个源自佛教的概念。它是神圣的。

神圣的静默是让你所有的感官都得到休息,不仅是你的耳朵。所以,关闭电视机、收音机和手机,你可以停止阅读、书写和上网,所有明显可见和微不足道的干扰都放到一边。相反,对你身边的世界和你的内在打开眼睛、耳朵和心扉。以这样的方式,你的头脑自然开始沉静下来,就像在一杯浑浊的水中的泥巴,当你开始停止摇晃,泥巴开始沉淀。这是一种深度寂静的练习,也是正念日的精髓。在深度寂静之中,你为身体、头脑和心灵创造出一个空间,在那里它们可以得到疗愈与滋养。

当我说静默时,我的意思是指不要与任何人说话。你可以在一个或许并不安静的地方,你也可以聆听引导音频帮助你完成练习。

正念日准备工作

选择一个没有人在家的日子,如果不可能的话,当你正在进行一天中的"正念时刻",你需要让其他人知道不要打扰你。奖励那些不打扰你的人一些美味的饼干总是有好的回报的。

在正念日前一天,觉得要吃什么,确保准备好所有需要的食物和饮料。如果食物需要烹饪,没有问题。因为准备食材和进餐都是非常好的正念练习。

我确保自己在正念日不需要做任何工作。在那一天,当然也关闭电脑和手机。

其他形式的工作,如果需要用到感觉,可以被用到正念日。下面这些方法可以提供很多机会培养正念觉知:

- 做饭
- 清理
- 园艺
- 扫地
- 熨衣服

不管你是做了一点点饭,或者完成了清理,都没有什么区别。在做上述活动时,如果你觉得你要进入行动模式,就克制不要做了。

你需要某种形式的计时器提醒每次冥想练习结束。避免使用手机计时,因为你可能忍不住想要查看信息。

不建议做任何阅读,除了有关正念的诗歌或故事。阅读能强有力地让你重返思维、词语和念头的世界。相反,让你的头脑和心灵从这些事情中喘口气,培养一种在一天之中的每个时刻更加直接的观察方式。

你可以独自进行正念日修习,或是与一位朋友、一群朋友,或者家人一起。一起共修正念止语的力量是很深远的。你可以与其他人一起探索这一天的经历,并分享你的领悟、洞见。

关于期待

要放下对这一天的所有期待。如果你期望这一天是放松的、平静的、平和的,也许结果你会失望。如果你认为这一天将是痛苦的、有挑战的和辛苦的,也许你永远不会开始。所以,放下期待,只是带着一颗开放的心,并看看什么会发生。

把正念日当作对自己的一个实验,当你拿出时间来只是"存在",去看看会发生什么。当你还是个婴孩和小孩子的时候,每天你都是如此。你没有日程计划、没有精神包袱、没有目标,你就活在此时此刻。所以一天正念地活着,对你来说并不陌生。这是一个放下所有现代认为正常的东西的机会,看看会发生什么。把它看作一个想要尝试的新兴趣或运动,看看你会有什么发现。

当第一次参加正念日的时候,我期待它是平和、宁静和放松的。几个小时静坐冥想后,我的后背开始疼痛。我被旁边那个坐立不安的人弄得心烦意躁。我似乎在摇摆,感觉能量在过于充沛和昏昏欲睡之间。那是一场斗争!熬到一天结束时,我感觉如释重负,并想再也不要参加这样的正念日了。但是,接下来的那一周很神奇。我更加平静和专注。通常那些让我有压力的事情——繁重的工作和费劲的学生,几乎都不是问题了。我并没有做什么截然不同的事情,只是我的头脑能够轻松地专注于一件事情,我感觉一切尽在掌控之

> 我觉得安静地吃饭会很无聊。结果它却让我感觉很放松和享受。我从来没有真正地品尝过食物。令人惊讶的是我们对一天不说话有多么深的误解。

中。从那时起，在正念日前一天我会放下所有的期待。

如何使用这一章

最好通读这一章，然后再在这一周的某天进行一日正念。如果这周没有时间练习，任何合适你的时间都可以。如果你愿意，甚至可以在学习完这个课程之后进行正念日。

一种计划正念日的方式就是阅读到本章中建议时，用一张纸和笔来做这一天的日程表。你可以用这张日程表在正念日引导你，而不需要再阅读这一章。

如果参加的是迷你版课程，你不需要做一日正念，除非你想要做。

变化形式：如果你想大胆开拓，为什么不顺其自然呢？做任何你想做的正念练习，让这一天自然地呈现。那可能更加有趣。如果你是那种喜欢控制每件事情的人，这将是一次很棒的机会。不要计划，看看会发生什么。

日程参考

接下来的日程安排可以作为你的正念日参考。时间是大概的——选择对你自己而言更切实际的时间，起床、睡觉和冥想。

8点：起床

最好前一晚早点上床睡觉。我个人不使用闹钟，特别是在正念日的那一天。但是这取决于个人。如果你允许自己自然醒来，在自然的睡眠周期结束时苏醒，你会感觉更加精力充沛。

以一个正念暂停开始这一天。一个短时间的冥想帮助你奠定全天的基调。花几分钟反思你所感恩的也是一种开启正念日的积极方式。

8点15分：淋浴

我喜欢在早晨淋浴，但是喜欢的话，你可以浴缸泡澡。你知道如何正念地淋浴吗？就只是去连结感官的感觉，任何一种都可以。你可以聆听水流从淋浴蓬头洒下来的声音，或者肥皂柔软地接触你温暖的皮肤，或者沐浴液的香味。选择任何一种感觉，也可以在不同感官感觉之间切换。

8点30分：穿戴整齐

穿衣服是大多数人都无意识地去做的一件事情。今天，留意你是怎么样选择要穿哪件衣服，你如何以同样的方式穿的？你是怎样惯性地花时间或者你做了什么？挑战自己，去观察在穿衣过程中的不同之处。记住，在穿之前和之后都暂停片刻。

9点：正念瑜伽

瑜伽是一个特别好的开始正念日的方式。伸展会帮助你驱散清晨的倦意,也可以使肌肉更放松,为接下来的静坐冥想做好准备。

你可以选择使用第十三章迷你版或完整版瑜伽练习。如果不能记住每个体式,可以使用引导音频。

9点30分:正念饮食

花些时间准备早餐。从瑜伽练习到准备食物,留意这个切换。走路的时候感受脚板接触地面,并感受开门时接触门把手的感觉。

觉察准备食物的每个片刻。如果你为自己准备的是水果沙拉,留意水果的颜色。切苹果时,感受当你正准备切下去的时候接触水果的刀刃面、切苹果的声音,花点时间闻闻刚刚切开的苹果。如果你煮的是燕麦片,用平底锅煮的时候,看着锅中燕麦黏稠度的变化,和从锅中升起翻腾的水蒸气。

早餐准备好了,花一点时间准备餐桌。美美地摆好桌子,这个仪式可以提升正念的体验。任何与你平时习惯性准备早餐不同的方式都可以增长你的正念觉知水平。

当你坐下准备吃早餐,做一个正念暂停。在暂停结束后,花一点点时间对面前的食物表达感恩。记住,有许多人不像你这样有福气,会有这样一顿饭。在吃第一口之前,花片刻时间看看你的食物,留意你有多饿。放下餐具,感受它的味道。当开始咀嚼完和吞咽第一口食物时,你可以继续第二口。每次思绪游离时,温柔地将注意力带回到食物上,就像在做其他冥想时一样，留意胃部慢慢地饱了。当吃完早餐，再花点时间做一次正念暂停。

吃到八分饱（hara hachi bu）

（hara hachi bu，日本谚语，意为八成饱。译者注）

体验吃到八分饱。这个原则被称为 hara hachi bu，来自日本冲绳的传统。冲绳人中百岁老人人数位居世界第一，很大一部分归功于低卡路里摄入。

当吃了 10～20 分钟，胃感觉已经饱了，当你觉得自己大概八分饱时，实际上你已经可能不止百分之百饱了。

下面你应该做：

1. 进餐前先做一次正念暂停，或者就是几次正念呼吸也好。

2. 用一个小盘子，取的食物量就是你觉得只会让自己八分饱，只是估计。我通常取太多食物，所以对于我而言，就是只取平时量的 80%。

3. 尽可能正念进食，连结食物的味道。吞咽前至少咀嚼 10 次。换成平时不用力的那只手进食，帮助关闭自动导航模式。品尝食物并心怀感恩。

4. 每次吃完盘中食物，问问自己：我有几成饱了？

5. 如果觉得自己还没有八成饱，再取一些食物。但是，观察自己是否可以在全饱之前停下来——感觉饱胀那一刻。

我把 hara hachi bu 称为正念饮食的一种形式,因为当你调频连结自己胃部有多饱,而不是按照习性吃饭,只是为了把盘中食物都吃光,这也有助于保持健康体重。过去几个月我一直都采用八分饱原则,已经减掉好几英磅重量。你也不妨试一试。有时候我也没有做到,并且吃得有点多。记住保持轻松。如果你习惯性地过度进食,原谅自己并对自己说:"这也是可以的。每个人都会时不时吃多了。"减少放纵情绪的机会。

10 点 15 分:洗碗

我过去一直都喜欢洗碗。但是有了正念后,洗碗更加愉快。在电脑前或是开会坐了一整天,洗碗变成一件快乐轻松的活动,它可以帮助我回到当下这一刻。

小孩子喜欢洗碗,他们喜欢感受热水和泡泡。当光线接触肥皂泡沫时折射出神奇的彩虹颜色,还有干完活的成就感。因此,当你洗碗时,把眼睛看东西的感觉当成第一次,像个孩子一样。

留意盘子在洗刷前后的颜色,聆听水龙头中的水流声,当它柔和地接触你的皮肤,真正地去感受水的温度。不时地回到呼吸,去体验几次呼吸。当你拿起并清洗碗碟时没有打碎它们,赞叹你的双手多么灵巧,即使最先进的机器人此刻也无法做到。

10 点 30 分：正念呼吸冥想

从简单的正念呼吸开始第一次冥想练习。设定计时器约 30 分钟。

你可以坐在椅子上，或打坐小凳，或坐垫上，看哪一种方式让你感觉更舒适。（如果你想要温习如何进行正念呼吸冥想，请参考第五章）

11 点：正念步行

在冥想中，慢慢地步行有助于促进消化和减少睡意。（请用第六章做指导）。

你也许想要在家中花园进行正念步行。如果你要正念地穿过街道，尝试按照平时的步伐行走，并尽可能地把所有注意力放到每个片刻。如果你住在公园附近，或者其他自然环境，尝试步行走过去，增强你的体验。

11 点 30 分：扩大觉知冥想

步行回来后，你可以直接进行这个冥想。不用有许多指引，而是仅仅用铃声提醒（音频 21 ~ 24）。这表明你需要从一个练习（正念呼吸）进入下一个（正念身体）。

随着一天的展开，少用音频指引和多一些静默是有助于深化冥想的一种有效方式。虽然音频引导有助于速度和提醒你把注意力带回来。对于有些人来说，它会有点干扰他们把全部注意力放到还没有展开的当下片刻的体验。

正午：山的冥想或湖的冥想

这些语音引导观想型的冥想，并不是传统的冥想方式。然而，我发觉有些人真的很喜欢这种类型的冥想，这也帮助他们更能接受正念。

这些冥想的目的是帮助你更深程度地理解正念修习。它们作为一种比喻，指引你走向更深的安稳、踏实、内在力量和接纳的途径，并反映出你的内在完整感，尽管世界似乎瞬息万变。

选择任何一种你喜欢的，或者如果有时间可以两个都做。

智慧故事：月亮不可能被偷走

一次，一个小偷从窗户爬进来，进入一位冥想大师的家里。他紧张兮兮地把家里搜寻了一遍，但是没能找到一件值钱的东西可以偷走，他沮丧不已，当他要离开时，禅师听到楼下有声响，就走下楼来。他看见小偷说："你准备两手空空离开吗？"小偷惊呆了，茫然不知该如何回答。最后他说："是……怎么呢？""让我给你一些我的衣服吧！"禅师说。他递给小偷几件衣服。小偷心想这个人疯了！他接下衣服赶紧跑了。禅师走出家门，在附近湖边散步，当他看到即将消失在地平线的暗淡的月亮时，他笑了起来。"假如我能给他这轮月亮就好了。"他想。

练习：山的冥想

⏱ 音频18：大约20分钟

下面是山的冥想引导词：

1. 以一种挺直、平衡和安静的姿势坐着，后背不要过度用力。眼睛轻轻地闭上，或者目光低垂，温和地望向下方。

2. 做三个深长的呼吸，吸气，呼气，感受每一次呼吸。接着让呼吸回到自然的节奏。

3. 花几分钟时间感受你的呼吸。留意你正在观察呼吸，并不要努力做任何事。

4. 当你准备好的时候，将一座巍巍的大山形象在心中观想出来。它可能是你之前见过或者想象出来的，或者是这两者的结合。

5. 花些时间去想象这个画面，慢慢地聚焦在山的形象上。如果你不是一个观想型的人，不要担心。只是尽你可能就好，完全没有关系。

6. 继续保持觉察山的形象。什么颜色？山顶有雪吗？留意山的轮廓，山峰高耸云霄。留意这座山稳稳地坐落在大地之上，山坡上生长着什么树木？你留意到有哪些自然植被呢？

7. 尽你所能地去观想这座山，觉知它的沉稳，它是多么根深叶茂。真正地感受山的存在——仿佛它就在你面前。

8. 现在，让你与这座山融为一体。所以，在某种意义上，你就是这座大山。你的头部就是山的庄严顶峰，你正坐着的座位就是山与地球上其他一切合为一体之处，你与这座山同样庞大、沉静和庄严。你像这座山一样环视远眺，周围的景观一览无余。

9. 你的臀部和双腿象征着大山根植于大地。体会慢慢地挺直坐姿，从骨盆和脊柱开始，就像那座山一样巍巍直立。

10. 你坐在这里仿佛一座正在呼吸的大山，安详、沉静、沉稳、庄严。你的存在超越思想和语言。

11. 当你像一座山一样坐着，你留意到太阳在天空移动，阳光下不断地改变颜色、光线和阴影的地方。白天终于变成夜晚，在头顶的夜幕之中是群星、淡淡的流云和一轮皎月，以它优雅的方式散发银色的光辉。然后，夜晚慢慢地变成黎明。全新的一天，有着全新的可能性和不同微妙体验的一天。

12. 不同的日子里有不同的天气。有些天多云，有些天则是万里无云。有些时候下雨，可以看见最美的彩虹，而有些日子则阳光灿烂。无论如何变化，你还是你，庄严、沉稳，完完全全地活在当下。

13. 随着时间的推移，四季变化。春天，阳光融化部分积雪，山坡上所有的树木都长满绿叶，大自然一片欣欣向荣。冬天，气温下降，树叶也许变成橘红色。冬天也许会下雪、有刺骨的寒风和更多的云朵。当冬天渐渐远去，春天来了，四季周而复始。

14. 所有的这些改变，不会改变你作为一座山的存在。你熟悉这些变化，并如实地接纳它们的发生。你也知道你的内在本质是寂静、平静和稳固的，超越思维，与地球一体。甚至当最猛烈的风暴来袭时，风雨交加，你也只是坐着。

15. 正如山在每天和每个季节都有不同的体验，你也如此。有些时候你面对身心剧烈的风暴，回到山的本质可以提醒你，在你的内在有一个空间，它一直都是扎根的、平静的，无论周围的变化看起来多么巨大。

16. 突破人生的变化和苦恼是开启觉知的一种方式。没有什么经验是觉知无法容纳的。用你的意志力和勇气去体验冰冷的寒风和猛烈的风暴，你同时向所有的可能性开放觉知，那就是一切都会过去的，一个片刻接一个片刻。改变在发生，冬天过去后又是一个新的春天。

17. 你内在的季节也许有耗神的想法、负面情绪以及痛苦的感受。但是大山不会在意天气，大山也不会积累什么抱怨。天气只是天气，也许你内在的天气也与你无关，也是自然的一部分。对这些经验的抗拒只是增加痛苦，这需要时间去理解、领悟。

18. 不要忽略你人生中的天气。恰恰相反，你可以探索尊重天气的意义，并逐渐明白其中蕴藏的觉知以某种奇妙的方式，平和而自在地从中解脱出来。

19. 如果你在反思大山的品质中发现一些意义，为你带来一份内在的宁静、活力和稳固,你可以把这些形象记在心中,用在你的冥想和日常生活之中。

20. 继续坐着,与你的呼吸和身体同在,直到时间到了,冥想结束。

练习:湖的冥想

音频 19:大约 20 分钟

下面是湖的冥想引导词。

1. 找一个可以躺下的地方,你可以躺在地板的垫子上,或者躺在床上。闭上眼睛,做几个深长缓慢的呼吸,感觉你的呼吸,让呼吸回到它自然的节奏。

2. 当你准备好的时候,将一个美丽的湖泊的形象带到你的脑海,你的心中,铭刻在你的记忆中。它也许是你很久之前见过的一个湖泊,或者是一个你在脑海中想象出来的湖泊,可能是来自一张明信片或者见过的一幅画。尽你所能,留意湖的色彩——它是如水晶般清澈还是有一些泥沙?湖的大小和形状是怎么样的?平静的湖面是否有倒影?也许是群山、树木或蓝天上飘浮的白云。如果有风刮过,留意它是如何划过水面,在阳光照耀下闪耀着钻石般的光芒。然而,在湖心,湖水是静止和平静的,支持着湖面的变化。当一天进入夜晚的静寂之中,风也停下来,你也许能够看见耀眼的星空和天边散发着庄严清辉的月亮。当四季更迭到了冬季,湖泊也许冰冻起来,被冰雪像一床毯子一样覆盖,就像蛋糕上浇了一层厚厚的白色糖霜。

3. 你躺在这里,深呼吸;当你准备好的时候,让你的身心与湖泊融为一体。这样,某种程度而言,你就是这个壮丽的湖泊。你是一个活生生的、呼吸着的湖泊,倒映着周围自然景色和不断变化的天空。

4. 当你继续呼吸,留意到大地形成的坚固盆底,承载容纳着湖水。这个湖似乎只是去接纳白天、黑夜、四季和流逝的岁月,在那种没有抗拒、在那种顺随中就是湖泊的美。当你躺在这里,在此时此刻的现实生活中,什么思绪、感受和感官感觉是你愿意接纳和放下的,你可以想到它们吗,正如这湖一样?

5. 留意湖也在变化,以某种形式在不断的变化之中。同样地,留意每个片刻有怎样的不同,而在所有体验中的那份觉知带来一份安全的熟悉感。

6. 当微风吹过,湖面水波荡漾;当暴风雨突然来袭,静止的湖泊也许似一个遥远的回忆。但是,在湖的深处,却是另外一番景象,靠近湖底的位置湖水宁静。当你头脑中思绪翻来覆去、当你情绪在你的生活中产生惊涛骇浪,你能记起这个湖泊吗?你可以透过现象看到本质吗?你的根基、你的存在,觉知的核心本身,如如不动、稳固、安静地支持着你。

7.你也许想把这个比喻记在心中,无论何时当你人生中遇到风暴带来强烈的念头和情绪时,你也可以在冥想中运用湖的这个比喻,以某种方式丰富和深化你的修习。

8.当你躺在这里时,感受你的呼吸,并打开你的感受去感受整个身体,如湖一样安住在这里。对周围的一切敞开你的心灵,如实如是地接纳每个时刻,倒映着太阳和云朵,树木和山峰,鸟儿和蝴蝶,映出薄雾、浓烟、云朵和灰尘……当湖水在冰冷的夜晚拍打着湖岸,连结百万星辰中的那份寂静、神奇和奥秘,以及其中蕴含的一切,不需要任何努力,不需要费劲,它们都在湖之中,在你之内。

9.继续与这个湖泊连结,一个片刻接一个片刻,直到你准备好结束这个冥想。当你做完,记得感谢自己今天练习所付出的努力,培养对自己的觉知和慈爱,这样也为所有将遇到你的人带去积极的影响。

12点30分:瑜伽

你可以练习第十三章中的瑜伽体式。如果觉得引导有助于做体式,或者提醒你如何完成体式,你可以用完整的音频引导。如果记得体式,你可以不用音频引导练习瑜伽,做任何你觉得身体现在需要的体式和伸展。

练习的时候用心连结更加精细的身体感官感觉和信息。记住,感受呼吸是正念瑜伽的关键部分。慈爱地对待你自己的身体,不要强迫超过你的身体极限。

13点：午餐

如同在早餐中描述的一样，以同样的方式准备午餐。花时间去准备、吃饭和洗碗。在做完每项活动后暂停，让注意力集中，帮助自己回到此时此刻。

14点：正念步行或午休

这个下午，如果你愿意的话，体验接下来的正念步行练习。

练习：正念慢速和快速步行

1. 以平时正常的步行速度开始正念行走。留意脚板接触地面的感觉，或者空气触碰到皮肤的感觉。然后，在行走的时候，你可以调整到去感受你的呼吸。

2. 当你步行时，觉察你的想法和感受，留意它们，尽你的可能，保持一定距离看着它们，而不是陷入其中。

3. 接下来，加快步行速度，握紧拳头和收紧下颌，感受额外的压力。留意这时候有什么样的想法和感受出现。

4. 放松身体，但是继续以更快的速度行走，保持昂首挺胸。留意这样做的感受，这一次有什么样的想法出现？

5. 慢慢地回到你正常的步行速度，找到自然的节奏，连结步行时你的身体感觉。

6. 现在，停下来。观察身体的感受，留意你的心跳、身体温度和呼吸的速度，将觉知之光带入你的内在世界，念头和情绪的内在世界。将你的想法放在想象的云朵上,如果这样有帮助的话。

7. 开始缓慢地行走,正念地走每一步。慢慢地回到开始步行的那个位置。

8. 以山式(参考第十三章)结束,连结你的内在经验,并反思在这个练习中你的觉察,不带任何评判。

午餐后,步行速度和肌肉张力的改变有助于给你活力,可以观察心和情绪对身体的影响,反之亦然。

如果午餐后感觉疲惫,你可以午休20~30分钟,它将有助于重设你的昼夜节律周期,它是为午后短暂的打盹而设定的,你将感觉更清新,而不是后面与疲劳做抗争。如果你睡得太多,你也许感觉晕晕乎乎,所以你要小心观察这点。

14点45分:扩大觉知冥想

练习扩大觉知冥想,如第八章。可以自己进行或者如果需要的话,在音频引导下。到现在为止,你已经做了好几个小时的正念练习了。在更长一些的时间里止语练习特别好,止语静默帮助你转向内在,觉察每个片刻微细的体验。

音频22——无语音,每5分钟铃声提醒。

用这个音频，它只有提醒铃声，没有语音。

15点15分：修习慈心——慈爱冥想

慈心培养想减轻他们痛苦的愿望。是指知道自己和他人都在经历人生的困境，并有想终止那个痛苦的愿望。

在正念日趋于结束，慈爱冥想是一个很有力量的练习。这是因为当心变得更加平静时，你可以更好地连结和培养对自己及他人的友善。

培养慈心的其中一种方式是通过"慈爱冥想"，如下文所述。慈爱冥想可以帮你从孤立走向连结，从评判到关爱，从不喜欢到理解，你不需要强迫任何情绪的产生。那是一种常见的误解。只是把你的注意力和在你说的每一句话中内心的良好祝愿送给自己，并觉察任何升起的现象，把自己当作一块空旷的土地，在那里你可以播种慈悲的种子。与所有的冥想一样，不要担心，如果你的思绪游离或者再想要多长时间。在你可以做的时候，尽你所能把注意温柔而舒缓地引导回来。

你可以使用音频引导你完成慈爱冥想，也可以在课程结束后做充分练习。

练习：修习慈心

音频20：30分钟

1. 做这个练习确保你自己感到特别舒适和温暖。身体的安全感和温暖将有助你培养慈爱的情绪品质。如果你想的话，可以坐在椅子上，或者躺下。

2. 做几个深长、缓慢而正念的呼吸，接着让你的身体回到自然的呼吸节奏。感受靠近心脏区域的呼吸，留意胸腔是否在膨胀或收缩，觉知身体的温暖。将一只手，代表自我的良善和关爱，温柔地放在心脏的位置，留意它有什么效果。感受在心脏位置那只手的温度。如果你想把手放在腹部或者膝盖上也是可以的。

3. 当你准备好的时候，在心里想到让你面带微笑的某个人，或者甚至是某只宠物。你和那个人之间的关系是放松和积极的，最好不是你的伴侣，因为这样的关系可能比较复杂，很容易陷入念头之中。也许是一位阿姨或叔叔，可能是你的小儿子或女儿，一位灵性老师，或者一位你很尊敬的人，无论这个人是活着还是已经去世。用下面这样的话来祝福这个人：

愿你身心安乐，愿你身体健康，愿你远离所有的痛苦。

如果可以的话，让这些话从你的心里流淌出来，而不是仅仅在脑袋中。连结这些话语和背后的意义，如果有其他的话打动你，你可以使用它们。用那些传递良善和慈悲的语句，继续重复这些语句几分钟。记住，你不要强迫任何的情感出现——只是表达良好的愿望，并有空间接纳任何升起的情绪。

4. 现在，以同样的精神，在心中想你自己，希望自己一切安好。你与这个地球上其他任何人一样都是有价值的，你值得同样的友善和关爱。

> 愿我身心安乐，愿我身体健康，
> 愿我的心中充满对自己的慈悲和友善。
> 愿我远离所有的痛苦。

对于一些人，这个部分是最困难的。对自己表达友善，你也许感到内疚，或者觉得溺爱自己。如果是这样的话，这个部分的慈爱冥想将是一个有效的练习，帮助你释放这种压力。压力通常是由于对自己过于苛刻严格，这个冥想是非常棒的解毒剂。如果你抗拒自我友善，没有关系，假以时日，这将是一个对你特别滋养和具有疗愈力的冥想。尽可能地对自己保持耐心，温柔地坚定，并带着好奇去观察会怎么样。

5. 接下来，在心中想起一位中立的人，一个你既不喜欢也不讨厌的人，这个人你几乎不认识。例如，超市收银处的某个人或者快递员。记住，他们也和你一样，在工作职责之外也有自己的生活。想想他们的朋友和家人，他们的希望和恐惧、愿望和梦想，愿他们一切安好。用你自己的话或者下面这些：

愿你健康快乐，愿你心中充满爱与和平，愿你远离所有的痛苦。

接下来是一个你不喜欢的人——一个讨厌的人。这个人也许去世或者活着。作为一个刚开始做这个练习的初学者，选择一个讨厌，但不是你最讨厌的人，可能是某个过去给你带来麻烦和痛苦的人。把他或她作为一个完整的人来考虑，不仅是那个人带给你的伤痛。作为人类，这个人也体验痛苦、焦虑、压力以及许多困难，看看自己是否能原谅他的行为，他也许不是故意的。如果给你造成的痛苦是故意的，可能有某种原因——那个人的情绪状态、他的脆弱和痛苦，没有完成的心愿。如果可以，请他原谅你，任何你可能带给他的痛苦。你不认为他做的是正确的，只是放下因为他的行为而造成的痛苦。这会温暖你的心，而不是让他更难过。

愿你健康快乐，愿你远离压力、焦虑和痛苦。
愿你的心中充满对自己的友善和慈爱。

6.将所有的这四个人都在心中想起：你自己、你的朋友、中性的那个人以及你不喜欢的那个人。当你想象你们在一起的时候，看看你是否能够给每个人都平等地送出良好的祝愿和慈爱。

7. 你可以把慈爱送给地球上的一切生命来结束这个冥想——对身处困境和痛苦中的所有生命保持正念，并希望他们都远离一切痛苦。

8. 现在回到你自己。把注意集中在呼吸上。感受呼吸自然的节奏和深浅，将温暖、爱护和感恩送给自己。

9. 在结束冥想之前，感恩自己的努力，致力培养生命中最滋养的品质——慈悲心。

变化形式：你可以在结束本课程后，任何时间练习慈爱冥想。如果时间不够，不需要做所有的步骤。你可以只做一个或两个，或者任何你觉得需要的部分。

研究角：为什么要修习慈心？

科学家们发现，当你心生慈悲，你的心率变慢，释放出一种叫后叶催产素的荷尔蒙，它促进人与人之间的连结，同时大脑中负责关爱和愉悦的那部分被激活，接着你感觉受到鼓舞去关心和帮助他人。慈悲心也提升对压力的韧性，提升免疫系统并加速疗愈。

你可以训练自己越来越有慈悲心，它不是一种与生俱来的性格特质，而更像是肌肉。埃默里大学的研究者们发现，那些参加慈心训练课程的人有更高水平的慈悲心，以及在他们的血液和唾液中更低水平的压力应激激素。

自我慈悲胜过自尊心。 克里斯汀·内夫发现,那些有高自尊心的人有可能最后落入陷阱,如自我陶醉、自以为是的愤怒、偏见和自我放纵。想想那些自尊心高并认为高自我成就的人,这种自我认知可以导致他们认为自己优于其他人,最后换来自负的代价:当生命中出现不如意,当优越的自我形象坍塌时,他们自尊心一落千丈。这是一种充满压力的生活方式。

自我慈悲恰恰相反,它是关于友好地对待自己,并接纳生而为人的不完美。带着这种倾向,你将免于评判自己,当事情出错时,不会那么容易觉得自己是没有价值的。面对未来的人生挑战,你将有更大的韧性,因此压力水平也会更低。

我自己也经历过自尊心的问题。例如,当我还是一名高中生时,我是班上的尖子生,我的自尊心很强,它来自学习成绩。但是到了大学,我从来都没有在班上取得过高分。我越是努力,就越沮丧。我感到情绪低落,并想要放弃。但我运气不错,我在学习中途发现了正念。我学习了自我慈爱的意义,并成功地完成学业,不需要太逼迫自己。

最近其他一些令人振奋的研究也表明,慈悲心可以疗愈,但是同理心却有所伤害。同理心是感受他人痛苦的一种方式,但是它可以导致精疲力竭。例如,健康专业人士或助人者会变得很苦恼和痛苦。同理心激活大脑中关联不愉悦情绪的部分，如悲伤和痛苦。慈悲心却不一样。慈悲心激活的是大脑中更温暖和关爱的部分，就像一位充满爱的母亲走向她正在哭泣的宝宝。

世界著名的比丘马修·理查德联合几位科学家，包括脑神经科学家及马克斯·普兰格研究所社会神经科学部门主任塔尼亚·辛格。他们的研究发表于2014年《社会认知和影响神经科学》杂志，研究表明那些助人的职业需要进行慈悲心训练，从而帮助他们免遭同理心枯竭。小心这一点！

16点：正念日常活动

如果需要，可以喝杯饮料或吃几块饼干。这段时间可以进行园艺、清洁、打扫户外或者散步。如果真的感觉很累，也许想要躺床上休息或睡觉。观察你的身体，了解它的需求。

18点：正念的准备及吃晚餐

与早餐、午餐相同。

19点30分：沐浴或正念活动

聆听音乐是以一种愉快的方式将正念日带入尾声。播放一首音乐，然后躺下，让声音进入耳朵以深深地进入你的存在。我建议播放古典或其他让人宁静的音乐。或者，你可以简单地绘画，傍晚放松地散步、照料植物，或者练瑜伽。

或许你想好好地泡个澡放松。这可以结合一些蜡烛，通过一些方式连结你的感官,而不是任由思绪纷飞。闻到沐浴盐的芬芳、观察闪烁的烛光,并留意身体的感觉,在温暖的水中紧绷的肌肉开始慢慢地放松。放洗澡水时,聆听流水的声音也是另外一种愉悦和正念的练习。

20点30分:一天中最后的冥想练习

选择一种你想进行的冥想方式,结束一天的正念日——静坐冥想或者身体扫描。

21点30分:休息

准备上床睡觉,把注意力放到你的习惯动作。然后躺下来,慢慢地闭上眼睛。当你躺下来的时候,感觉你的整个身体,花几分钟时间从头到脚扫描你的身体。在正念日结束时,观察身体感觉与平时有什么不同。感受你的呼吸,自然的呼吸节奏,继续保持这种温柔的觉知直到进入梦乡。

反思

正念日后第二天,写下你的觉察。有什么困难?哪些部分是你喜欢的?如果你再做一次正念日,为了更深入体验你会做出哪些改变?

从那口井中饮水

带着期望,我开始今天,
想以一种不同的方式去品味。

然而，我发现自己孤立无援，
情绪使我陷入一片混乱。

但是，在我内心有一股深深的渴望，
渴望和平、寂静、从容和喜悦。
虽然闹钟在说，许多个小时已经过去了，
我微笑，并记得，这一个呼吸就是全部！

在那寻找觉知的波涛之下，
我们称为思想、心情、感受、艰难的日子。
我渴望去感受、去连结、去爱，
去重新拿回纯净无瑕的和平和清晰洞见。

现在我准备好重新开始，
做我自己，我自己，坐下，休息。
不是在深睡、昏沉或沉湎之中，
而是安住在觉知之中，
从那口井中饮水。

——沙码什·阿利迪纳

反思：从第六周家庭作业中的发现

花一些时间回顾你的日常正念沟通，即这一周的正念助推器。做得怎么样？你记得一天一次的正念交流吗？许多人会忘记，因为自动化导航模式是大脑的默认模式。如果你忘记了，留意这一点，不需要谴责自己。反而，把它当作一次学习的机会，认识我们人类是多么自动化！如果你记住了，体验怎么样？你是否察觉自己插话，或者感觉不耐烦吗？你发现自己在说话时想要一心多用了吗？

回忆三个问题的故事（第六章）——最重要的人是那个在你面前的人，无论他是王子还是乞丐，都不要紧。把在面前的这个人当作世界上最重要的人，他值得拥有你所有的注意力，认真地听他说话就是最了不起的冥想。

在你的日志或电子设备上写下你对正念沟通的反思。

正念日常见问题问答

问：我感觉很情绪化，并哭了起来。这样正常吗？

答：在正念日中，感觉情绪化和流泪是完全正常的。你也许从来没有拿出这么多时间处于安静之中，而总是被打扰分心。这种空间感可以允许你的身体释放任何积压或者压抑的情绪。这是一件好事，没有什么需要担心的。我听过很多人的故事，他们在参加一次冥想营情绪释放后身体疾病得到疗愈。例如，一位学员在一次冥想营后慢性头痛好了。还有一位学员肩膀痛了几年，但是在一次冥想营后疼痛不见了。

问：我觉得这一天情绪化而且身体疲惫。我现在实际上感觉更累。我做错什么了吗？

答：你没有做错什么。像在之前解释过的，正念日可以让人产生一种情绪状态，情绪被感受到而不是被推开或忽略。正念日给你一个安全的机会去练习与自己的情绪在一起。如果你觉得情绪太过强烈，可能需要去见一位健康专业人士，用其他的方法帮助你管理情绪。正念日也可能消耗体力。一系列的练习，如扩大觉知冥想与瑜伽及步行的结合可以帮助减少身体的伤害。然而，身体疲惫的一部分原因可能与情绪释放有关。尽可能温柔地与自己在一起，在正念日的第二天避免进行太多剧烈的活动。正念日的积极效果也许没有被觉察到，而被身心的无意识取代。这些过程都需要时间，而不是即刻发生。我的一位客户似乎没有获得任何好处，只是感受到愤怒的波涛来来去去。由于失望沮丧，那天他几乎要走了。但是接下来第二天，他发现自己能更好地捕捉到工作中那些自我指责的片刻，对自己的思维模式更有正念。接着，他能对自己说一些更友好的话语，而不是更加谴责自己，这很大程度上帮助他减轻压力。

问：我该多久做一次正念日呢？

答：根据自己的意愿。一年两三次正念日是一个良好的开始。但是，如果你有时间准备更多次数，那绝对没有问题！

证据似乎表明越多修习，你将获得越多的利益。只要你有时间，你也可以在上午或者下午临时进行。

问：我听说有人去参加一个周末正念课程或一周的冥想营。你建议这么做吗？

答：是的，如果你也愿意那样做，我建议参加更长时间的正念修习。但是，在进行一整周的止语冥想营之前，先从一些一天正念课程开始，然后再计划周末的课程。这样你不太可能让自己将来对更长时间的冥想营失去兴趣。

问：我不能做到一整天正念日不说话！为什么我要强迫自己那么做呢？

答：没有必要强迫自己做任何事情。如果你只愿意做少量正念练习和冥想，那也很好。如果你觉得想对自己的身心有更多了解，那么就多体验几个小时正念——身体扫描、扩大觉知冥想，以及正念步行。如果你愿意，不妨计划做一个正念日。当你准备好并自愿如此，你可以拿出时间进行一天正念修习。

第十一章

第七周　照顾好你自己

> 如果有人朝你的胸口射了一箭,
>
> 站在那里朝那个人大吼大叫无济于事。
>
> 把关注点放到事情上,
>
> 在你的胸口有一支箭会更好。
>
> ——派玛·乔卓

学习目标

- 调整生活方式减轻压力
- 辨认滋养和消耗的活动
- 制订正念减压行动计划
- 认识"正念行动步骤"

不久之前,一位名叫瓦伦蒂娜的年轻女士申请我的一个在线学习课程,并在电话里说了许多她的背景故事。她说经历了一连串创伤性事件后,她陷入了恐慌和痛苦之中,然后她转向毒品药物,试图麻痹自己的情绪。最终她跌入谷底,没有任何朋友或家人愿意跟她来往。

奇迹是,有一天她发现了一张开给她没有兑现的支票,金额还相当大。这给了她一个选择。她把这笔钱用在康复上，而不是为毒瘾提供资金，她描述这个决定来自相当难得的清醒一刻。在康复中心，她碰巧坐到一张小溪边的石凳上，并且感觉莫名其妙地被它吸引住。虽然并不知情，实际上她做的是一种形式的冥想。她盘腿坐在石凳上，闭着眼睛，听着潺潺流水，这种平和的寂静中，她立即感受到疗愈。

对于瓦伦蒂娜，这是通往正念之旅的第一步，通过正念冥想和每天写日记培养出自我慈悲和对自己新的认知。当她在形容自己从一个酗酒成瘾和吸毒享乐主义者，变成一个清醒有节制的素食瑜伽者时，她放声大笑，并惊叹于事实，那些人包括曾经觉得她无药可救的人，现在经常觉得她是多么喜悦和开朗。悄然之中，瓦伦蒂娜说她觉得友善的性格加之过去痛苦的经历，希望让她成为一位敬业并充满同理心的正念老师。

当然，我接纳了瓦伦蒂娜的申请。

在一个转变的时刻，瓦伦蒂娜选择了新生，而不是自我毁灭，这是一种自爱的行为。从那个重要的分岔点之后，我相信还有许多抉择的时刻，让她可以再回到旧有的生活方式中去。但是，她都通过正念克服了。那个最开始的选择——让她吃健康的食物、运动、冥想和瑜伽，并与好的同伴在一起，这种滋养的生活方式孕育出如此丰硕的果实，即她有充沛精力、满腔热情和爱去与他人分享她所探索发现的。她的自爱和自我慈悲丰盛满溢,成为对像她最初陷入困境的人的关爱和慈悲。如果没有对自己的关爱,这是不可能做到的。

照顾好你自己

可能有许多事情都需要占用你的时间和精力,照顾自己可能很容易成为一项待办事件。也许你是一位忙碌的妈妈、充满压力的业务主管,或者最近刚刚丧失亲人。当你面对许多的需要,很容易忘记要照顾自己。当你真的关心自己的时候,压力的感受开始变成一种积极的压力情绪(参考第七章)。面带微笑,你能更好地迎接生活的挑战。

花点时间想想,那些充满爱心的狗主人们是怎么样对待他们的爱犬的。他们给狗狗洗澡、梳毛,喂充足和健康的食物、确保他们的狗狗正常的体重,并且每天遛狗。他们确保给他们友爱的宠物时间和精力,当出去的时候与狗一起玩游戏。在晚上,他们确保狗狗有足够的温暖,并有地方睡觉。这样狗狗们得到食物、运动、乐趣、爱和休息。回过头来,狗狗们也把无条件的爱回馈给它们的主人。我们人类也需要带着热情和希望,至少以同样的爱和关心去迎接生活的挑战,在你反思自己有多么不够关心自己之前,请先花一点时间想一想你的身体为照顾你付出了多少。每日每夜,身体在为你呼吸。心脏每天要跳动10万多次泵血,运送氧气、营养物质和免疫细胞至全身。消化系统一年要消化1100磅。身体催促你吃饭、睡觉和活动，让你活着并健康地活着。以这样的方式，身体在照顾着你。

但是，你也有责任关心自己，包括平衡的饮食、充足的睡眠和活动。这与你需要花时间社交、玩得开心和做你喜欢的事情一样重要。确切地说，以什么方式照顾独一无二的自己，只有你知道什么是正确的选择。觉知身体和头脑，你可以学习更好地照顾自己。

例如，我的一位客户发现在他的双腿上有痛点。开始他忽略了这些，并继续进行高压力的工作。最后疼痛变得很剧烈，以至于他无法走路。他不得不从医生那里拿到抗生素，并请假停止工作。现在，他对身体更有觉知，当痛楚出现时，他需要拿出觉知力去修习正念，并休息一小段时间。从那以后，他不再因疼痛严重复发而受苦。

对于你来说，警告的征兆可能是头痛、流感发作、疼痛的肩膀，或者就是好好想一下生活中弄糟的事情。用这些信号提醒你要好好对待自己，而不是更努力，或者责怪自己不够完美。

这一周你将有机会去看看自己典型的日常活动。接着你可以知道为什么，有什么需要调整，这样能滋养身心，而不是耗费你的能量。你也要看看五个需要集中专注的地方，它们都能帮助提升你的健康，同时培养对压力的复原力。

照顾自己的挑战

如果照顾自己是容易的，那么我们都会做得不错。但是事实上，有许多困难阻止我们认真地照顾好自己。有些是外在因素，还有一些是你自己心中的态度。让我们看看几个典型的挑战，以及学习克服它们的小诀窍。

根据美国心理协会的研究，缺乏意志力被认为是我们没有真正照顾好自己的首要原因。如果你知道自己要准时睡觉，或者去跑步，但是最后却以浪费时间告终。也许你需要一些提升自我管理的帮助。下面是提升意志力的一些小诀窍：

- 正念冥想提升意志力。即使一天几分钟，也可以增加灰白质的生长，这个在大脑中负责做决定的部分。
- 运动。运动的人更容易戒烟、戒酒，饮食更健康，甚至对消费习惯更加谨慎
- 睡眠。每晚睡眠越接近七个半小时，你将有更强的意志力。
- 养成良好的习惯。当你承受压力的时候，你回到习惯之中，无论好坏。通过养成良好的习惯，你将更好地面对或者享受压力。
- 友好地对待自己真的起作用。当你出错时，对自己自责将削弱意志力。意志力研究最被证实可信的方面是自我慈悲心，它是达成新的好习惯最有效的途径。记住，你只是一个人，不可能做到完美无瑕。

缺乏时间是人们不通过运动或做一顿美食等方法来照顾自己的一个常见理由。如果你是这样，我建议你用一周时间记录自己是如何运用时间的，一个小时接一个小时。当我这么做的时候，就是设置每小时一次闹铃，并记录如何用时间管理的方式让自己更有效率。接下来，努力让自己按时睡觉，而不是上网；运动，而不是没有效率地工作。许多时间管理大师建议进行时间追踪，这是最有效使用时间的第一步。

如果你被压力压得喘不过气，你也许感觉照顾自己也太有压力。但是，一次即使每天只有5分钟的散步，也可为你的身心带来一个小小的积极改变，有助于应对生活中的忙碌。

> 通过正念，我意识到我在不断地忙于照顾我的孩子、先生和父母，我从没有时间给自己。我立即决定事情要有所改变。这真是如释重负啊！

最后，你也许认为照顾自己是自私的。回忆一下飞机上的安全提示：在帮助他人戴好氧气面罩之前，自己先戴好。好好地照顾自己，你将感觉良好，更加精力充沛，并能更好地帮助他人。

我自己也曾与这个想法抗争过。当我第一次成为一名学校老师时还年轻，充满活力和希望能改变世界。我把所有的精力都用去关心学生们，而不是自己。我工作越来越努力，直到生病。我认为不把业余时间用来备课、批改作业或者做额外的学习似乎是自私的。但是，我开始留意到一种模式，我越努力工作，我就越少有精力给孩子们，作为一名老师我越没有效率。在有些天我休息得很好，我有更多的耐心，并且课程也进行得更好。照顾好自己，甚至我觉得一开始有些内疚，而这是一种对学生和自己的更好方式。现在，我喜欢好好照顾自己。

什么时候需要照顾自己

了解自己的需求，而不是一件只在感觉疲惫、压力或困倦的时候才做的事情。如果你一直都这么做，实际上，当有压力来临的时候，你将更有复原力。然而，当在压力过大的时候，照顾好自己的需求特别重要。

以植物为例。在冬季，天气寒冷，植物不需要浇太多水，一周一次就可以了。但是，在夏季，酷热不休，差不多每天都要浇水，否则植物就会枯萎或者奄奄一息。当高温持续，植物会需要更多的水分。

同样地，当压力的高温一直持续时，需要给自己额外的照顾。在充满压力的一天，花一些时间，或者是几分钟时间练习你最喜欢的正念冥想。尝试把练习作为辛苦一天后的奖赏。这也许能帮助你更早一些上床睡觉、吃健康一点，也许给你动力拿出时间去运动。即使一个 5 分钟电话打给你最好的朋友也可以让世界有所不同。在充满挑战的一天中的一点点正念将是一份投资，它的回报率是丰厚的。

看一看你现在的生活方式

在你开始思考自己有多好或多不好地照顾自己之前,让我们首先近距离看看你现在的生活方式。你经常做的活动会让你更好地了解哪些事情进展顺利,而哪些需要做出调整。也许只有你停下来,并把它写下来,才意识到自己现在是怎么利用时间的。

接着,评估每项活动,是赋能(滋养)或消耗(耗能),这将有助于你了解一天的哪个时间段是令人振奋的,哪一部分不是。那么,你可以考虑以创意的方式重新调整日程安排,或者调整自己的态度和看法,这样耗能的活动就不会那么消耗你的能量。

下面是一个参考清单:

7:00 A.M. —— 醒来

7:15 A.M. —— 洗漱

7:45 A.M. —— 准备出发送孩子上学

8:30 A.M. —— (急忙)赶往学校

9:00 A.M. —— 开车上班

9:30 A.M. —— 到达公司

9:45 A.M. —— 制订新的营销计划

练习：我的滋养和消耗活动

1. 创建你的一天日常活动清单。

2. 在那些滋养、提振或赋能的活动旁边写上"+"。这些活动让你感觉良好。

3. 哪些积极型活动你可以增加？浏览清单，看看哪些是你可以做更多的。例如，散步、给孩子们讲故事、提前几分钟醒来，这样有时间可以好好喝一杯咖啡。

4. 哪些积极型活动可以经常进行？例如，去散步，给孩子们讲故事，喝杯好咖啡。

5. 哪些消极型活动你可以减少？例如，把浏览社交媒体网站减少到一天一次、让他人帮忙少做一些家务活，如训练孩子们晚餐后洗碗，或者做一些低压力的活动，例如，在早上去公司的途中听你最喜欢的音乐。

变换形式：用事实对照你的想法。做完这些活动，尽快记录自己的感受如何，以及你感受的强度，从 1～10 的范围（1 是非常柔和，10 是非常强烈）。例如，开心 7/10，或者生气 8/10。看看这些活动对你是真的滋养还是消耗。例如，人们认为他们享受连续几个小时观看电视，但是当他们真的这么做，他们评估看电视与坐在马桶上的有趣度差不多。

深入练习：如果你喜欢这个过程，希望能了解更多细节，尝试记录一整周你的日常活动，包括周末，这样可以更清晰地看到自己做了什么。每一个小时左右写下你的心情，看看你是否能发现任何模式。

小诀窍：有些活动一段时间内看上去是让你精力充沛，但是后来你发现它们消耗你的能量。例如，喝几杯酒似乎让你一下子感觉很好，但是到了晚上，你也许后悔这么做了。这样的例子，也许应该选择把它当作消耗。

有一些活动也许感觉耗能，但是真的能给你能量。例如，运动的时候，也许感觉在消耗你的体能，但是后来，也许第二天，你感觉更加精力充沛。

我建议你尽快记录你在体验后的感受，但是谨慎觉察日记中的这些模式，如上面所说的饮酒和运动的例子。

反思

在这个练习中有什么新发现吗？日程中有什么改变，或者可能是你的态度，你可以做到吗？像那样小小的改变可以带来令人惊奇的巨大影响。

例如，我的一位客户过去觉得在电话中听妈妈说话是耗能，现在她听的时候练习正念呼吸。讲电话成了冥想时间，而不是批评和抗拒的时间，结果她感觉没有那么大的压力了。

智慧故事：如何在水上行走

三个和尚坐在湖边打坐。突然，第一个和尚站起来，说：

"我忘记把内衣拿去出晒了!"他站起身,神奇地在水上行走,穿过湖面,径直走进他的小屋,然后又敏捷地返回来。

没多久,第二位和尚跳了起来说:"我忘记冲马桶了。"并立即起身,在水面凌波微步,回到他的小屋,以同样令人惊叹的方式返回来。

第三个和尚想:"这些和尚认为他们有一些特别的神通力,就是想炫耀,我也可以轻松做到。到那时候,我就是一个比他们都要优秀的冥想者。"于是,这个和尚站起身来,想要自信地在水上行走,可是立即掉到湖里去了。他跳出水面,站起身来,想要再次尝试,结果还是一样。没多久,他就全身透湿了。

另外两个和尚平静地看着这个场景,接着,一个和尚对另外一个说:"我们是不是该告诉他石头在哪里?"

这个故事对你的寓意是什么?

当压力太大时

接下来的练习有三个步骤,当感觉压力过大时,不妨尝试一下。

练习:正念 ABC

为了方便记忆,这个练习由 ABC 三步组成。A(Awareness)代表觉知,B(Breath & Beliefs)代表呼吸和信念,C

（Choosing a mindful action）代表选择一个有正念的行为，（如下图所示）。

```
┌─────────────────┬──────────────────┬──────────────┐
│ 步骤A：觉知 留意你  │ 步骤B：呼吸和信念    │ 步骤C：选择接纳处 │
│ 的压力信号辨别压力源 │ 感觉呼吸和身体重组对 │ 境或改变处境     │
│                 │ 压力或压力源的信念   │              │
└─────────────────┴──────────────────┴──────────────┘
```

步骤 A：觉知

留意你的压力信号。它们是你的想法、感觉或者身体的感受和行为。当你感觉压力有些大时，留意它们。

每个人的压力信号都不同。比如我，我感觉眼皮有一点点抽搐，觉得不想与朋友们说话，在肩膀部位有紧绷感，而且会因很小的干扰而惹怒，我很不情愿与他人说话。你的信号是什么呢？回顾第五章，提醒一下自己。

步骤 B：呼吸和信念

呼吸

做一次缓慢而深长的正念呼吸。接着，自然地呼吸，并感受呼吸的感觉。把你的注意力带到身体，留意身体的所有感觉，如实如是地接纳它们。识别任何紧绷或发紧的身体感觉，它们是压力反应不可或缺的一部分，如果有的话，它们是什么样的感觉。不需要尝试改变任何的感觉，就只是看看它们，如果可以的话，接纳它们。

信念

现在问问自己："我到底在为什么而压力重重呢？"你的答案也许是"我担心我不能按时完成报告"或者"我担心这个月钱不够用"。接着，重新评估你当前对压力本身的信念。这并不很容易，但是，看看你是否可以做一次尝试。想想，"这种压力让我更有精力准备完成报告"，而不仅仅是"我必须减压"，或者"压力是不好的"。记住，短时间突发压力可以让你的感觉更加敏锐，提升行动力，释放后叶催产素催促你与他人在一起，从一开始就增强你的免疫系统。你也可以这样重新评估压力源，例如，"是的，我很害怕钱不够交房租，但是如果实在不行，我总是能从爸爸那里借到钱"。

步骤C：选择一个正念的行动

这一步是关于选择接下来怎么做。

无论是什么样的压力源，你要么需要改变处境，要么接受你所不能改变的。

如果你决定改变这个处境：也许你需要打电话给职业介绍所，完成那份报告，或者把孩子带回家，如果他在耍脾气。

如果你决定接受这个处境，至少现在，你可以：

• 选择做一些有能量的事情。考虑去散步、跑步、慢跑、向上或往下爬楼梯。运动可以帮助你耗尽压力应激激素，这是你身体准备做的——行动起来。把正念融入运动中，而不是仅仅任由头脑担心、焦虑。

• 选择做一些放松的事情。这可以是你有时间并想做的事情。比如：洗个澡、听音乐、园艺、开车兜风、冥想或者瑜伽。带着正念觉知去进行这些活动。

• 选择在这一刻保持正念。也许你可以就是选择，接下来无论做什么事情都非常有正念。这也许发生在旅行、上班途中或者一场谈话中。就是选择一种感觉，完全地与它连结，把注意力全然地专注于那个体验之中。从理论上而言，我建议你保持正念觉知，同时保持对自己的友善，无论做出什么样的选择。

反思

如果对这个正念 ABC 练习感兴趣，请做一个总结。当你尝试的时候，写下它对你的心态和情绪有什么影响，是否会以不同于你平时的方式处理压力源。

提升幸福感并减轻压力

假如你只是感觉有一点点来自生活的压力，你可能感觉不快乐。在这种情况下，也许你甚至都不会相信幸福是一件可期的事情。然而，采取方法提升长期的幸福感可以增强对压力的复原力。

哈佛大学公共健康学院的研究者们调查了 200 项关于幸福和心血管健康的研究。他们发现，乐观的情绪和乐观主义都可以减缓心脏疾病的加重，并减少一半心脏重大疾病的风险，例如，心脏病突然发作。所以，快乐不仅让你心情开朗，而且疗愈你的心脏。

最近这些年，我一直使用的一个非常棒的提升幸福感的模式，我称之为"通往幸福五部曲"。这是一个来自英国新经济基金会有证可循的计划，它以英国为基础，政府对有关精神健康做出的最先进的研究。每个人通往幸福一生的道路都不一样，但是这些活动被研究发现对提升人类福祉和减少压力有特别的益处。

这个"通往幸福五部曲"（如下页图所示）：

1. 连结：这是关于提升与朋友、家人、同事，或者邻居的关系品质。

2. 运动：这部分强调活动身体的重要性，而不是一直久坐不动。

3. 觉察：这几乎直接与正念有关，如何觉察内心的想法和情绪，帮助厘清人生的价值与方向。你也应该留意和欣赏周遭的世界。

4. 发现：这是关于学习新鲜事物。不一定只是通过书本、课程或拿文凭，而是任何新鲜事物。

5. 给予：这是关于学习每天付出一点点并享受帮助他人的感觉。这也可以帮助你提升连结感和构建社交网络的品质和深度。

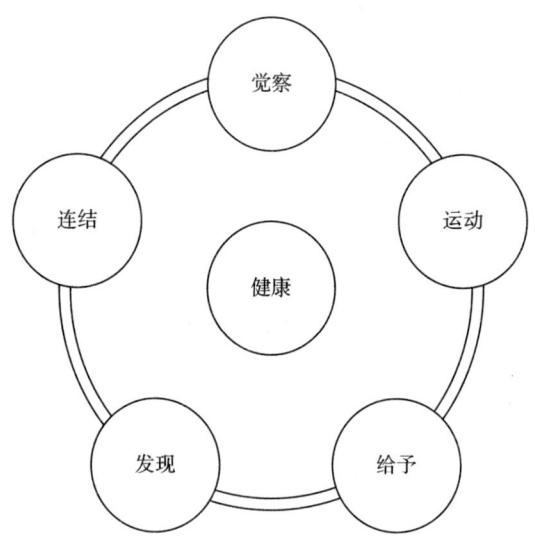

在这五个方面，任何一个小小的举措经常都有着深远的影响，正如一颗小鹅卵石能让湖面涟漪荡漾。通过改善一个方面，你将开始改善所有方面。而且，正如你在接下来的描述中所看到的一样，正念是它们的基础。

与他人的连结

一种增强复原力和享有更多幸福感的有效方式就是通过社会人际关系。与家人和朋友亲密的关系提供爱与支持，广泛的连结带来一种归属感。尽量保持少数几个人关系非常亲近，这样在困难时可以互相帮助。

当你感觉有压力时，与某位你信任的人交谈最大的好处就是带来不同的视野。你去回顾一下，产生压力最大的核心因素就是自己对那个处境的诠释。假设你处于焦虑的状态，那种理解通常不是经过智慧和平静的大脑：即前额叶皮质，而是来自杏仁核被激活的应激反应，这部分大脑希望你注意到危险，并留心负面的结果。

下面是一些不同拓展社交网络的方式，这些也许是你暂时没有想到的。

结交新朋友的方法：

● 拼车去上班。老板也许可以组织拼车，或者就是问问同事。这是结交新朋友很不错的方式。

● 使用在线社交网络联系老朋友们。我最近想办法联系到小学同学，当我们再次见面时好像从来没有分开过一样。

● 遛狗。狗主人们经常都相互聊天。你甚至可以去本地收容所义务遛狗，这也是一个很好的正念步行的机会。

深化当前人际关系的方法：

● 记住黄金法则。以你希望被人对待的方式对待别人。

- 在亲近的关系中投入时间和精力。这是你做的最佳投资。
- 给关系一些空间。平衡的时间以及有时间追求自己的兴趣爱好。
- 宽容。每个人都会犯错,我们都是人类。

反思

写下你生命中最亲近的人,可以是亲人、朋友、同事、邻居、导师及其他人。

你不需要有很多的人际关系,即使只有少数几个可以在困难时候寻求帮助的人,这也是可以的。但是,如果仅仅只有一个人,想想扩展与亲人或朋友关系的方法吧。

身体活动起来

想要减轻压力和提高工作效率吗?与此同时,想要降低 50% 得心脏病、中风和癌症的风险吗?那么,运动适合你!

任何活动,只要不是被动地坐着或躺着都是迈向正确方向的一步。去体育馆不是唯一活动身体的方式。找到自己喜欢的运动,与现在的体力相匹配。如果你可以与他人一起做运动更好。

运动包括:
- 快走

- 打网球
- 推割草机
- 使用吸尘器

如果运动让你出汗,你的心脏也参与工作,这为身心都带来好处。保持创意,看看你能发现什么活动让你流汗!

当你把这些运动与正念相结合,好处就不仅仅是释放身体的紧张,而且也是大脑尽可能地保持正念,与随之而来的诸多好处一起,你正在有效地进行冥想。

你应该做多大的活动量呢?这是一个常见问题。对于我来说,回答这个问题最好的方式就是去问:多少运动量是你愿意做的?即使一次5分钟在街道上来回行走发现也是有效的。大量证据显示,短时间的锻炼,如快走,可以促进健康和帮助减压。

- 问问自己。如果体育锻炼很有趣,你愿意尝试一下吗?体育运动让你感觉更加快乐、健康和长寿,它将改善大脑功能、让你感觉更加自信、有助减少抽烟量,甚至减少信用卡账单,因为当你感觉良好时,就不那么喜欢花钱消费。

- 提高意志力。你可以做下面其中一项:按时上床睡觉、冥想、吃低糖食物。低糖食物一般都对你更好,因为它们会缓慢地提升血糖浓度,使你有更强的意志力,你将更有可能养成运动习惯。

- 与经常锻炼身体的人在一起。如果你有同样喜欢体育运动的朋友，你更有可能认为它是积极的。他们也许能激励你动起来。

- 制订计划和评估。制订一个基础的运动计划，记录完成情况，你将更有可能坚持下去。你可以使用手机软件，或者在日记本、其他笔记本上记录。从设定一个可以实现的小计划开始，譬如每天步行 5 分钟。

- 当你拖延的时候，保持自我慈爱。某些天你不想运动，修习自我慈爱。这对很多人来说难以置信，但是当没有做到时对自己太过严格，更有可能再次失败。原谅自己让你进入一个更加积极的思维模式，让再次挫败没有那么容易发生。

- 减少坐的时间。即使一天只做半个小时运动，最近的研究表明，如果你花几个小时坐着工作，运动对健康的影响有限。尝试站着打电话、开会，或者在午餐时间散步。尽可能在一天中站着和活动。

觉察

觉察，或换言之，正念有助于提升好奇心和欣赏你的周遭世界，不是眼睁睁地看着生活落入一种习性之中，你觉醒过来，并享受生命中的一切美好。用你的眼耳鼻舌身意去连结。觉察自己的想法和感觉也可以明晰你想要的人生方向。于此，你做出有觉知的决定，而不是被以前的方式所框住。

除了练习冥想、瑜伽或太极，下面还有一些不同寻常的方式提升你的觉知技巧：

- 用某一种颜色观察所有的目标,这样观察几分钟。例如,如果我选择绿色,我可以现在留意树木、绿草、一支记号笔、名片上的一个商标、茶杯的一部分以及窗帘上的一个图形。

- 用平时一半的速度做一件事情,只做几分钟时间。你有留意到其他什么吗?如果我在打字的时候这么做,我突然留意到键盘多么光滑,我的坐姿是扭曲的。

- 一天抽出 5 分钟什么也不做。没错,什么也不做。只是坐着或躺着,看看怎么样。如果这真的很难做到,由于时间的压力,也许你需要以不同的方式来管理时间了。

- 排队时,数数你可以听到多少种声音。当我停下来做这个练习时,我留意远处的汽车声、煮沸的水壶声、远处的飞机声,还有碟子被堆积的声音,这些都是之前没有留意过的。

- 问自己 3 个问题:我现在感觉怎么样?我现在在想什么?现在用我的五感可以觉察到什么?

学习

学习新事物,提升你的自信心。因为只要是学习新的东西,在这个过程中你自然变得更有正念。想象一下第一次学习画画或开车,你的注意力将全部放在当下,因为你在学习新的技能。

许多人把学习与学校联系在一起。但是,大脑功能是构建在学习新鲜事物的基础上，并茁壮成长的。你可以在任何年龄学习。当你通过实践学习，学习效果会增加。

下面这些方法让你可以持续学习去培养复原力和获得精神健康：

- 询问身边的人更多问题。
- 每天努力学习一个新事实。
- 参加一个绘画、乐器或汽车维修课程。
- 担当工作新职务。
- 尝试一项新的运动、听一本新的有声书，或者烹饪不同的食物。
- 参观博物馆，去学习一段你感兴趣的历史、艺术或科学。
- 尝试一直想尝试的兴趣爱好，无论是放玩具直升机、手工编织，还是写科幻小说。

我最近尝试了画画。我必须要说，我第一次有"我不能画画"这样的想法在头脑中穿梭而过。但是，画布上溅起的颜料和犯错误是极具疗愈性和充满乐趣的，我称它为现代艺术。我尝试体验在画画前静坐，看有什么样的效果——它让画作看上去更宁静和平静。其他一些我用来提升学习的事情：每隔几周听一本新的有声书，在 TED 上观看演讲，当有时间时，参观博物馆、阅读有关科学和心理方面的博客、阅读新书，以及时常参加讲座和不同主题的访谈。

给予

你也许很惊讶，在关于照顾自己这一章中看到"给予"作为一项推荐。无论大小的善行都能提升幸福感、改善人际关系和有助于你以一种积极的方式减压。对他人友善也是一种对自己的善行。善良的人更加长寿和生活更快乐。年龄55岁以上的人参加两个或以上的团体做志愿者，他们的死亡率要下降44%。这比每周运动4次更有效。

上周我发现了一个很好的例子。一位老朋友来看我。在大学几年不及格后，他非常有压力和沮丧，于是他去看

> 我喜欢为别人做好事的感觉。这是我喜欢萨成什的课程原因之一。它给我一种允许仅是为了友善而友善。每次它都让我心情大好！这真的很令人惊叹，之前我很少花时间做这些。

了医生。医生诊断他有慢性疲劳综合征，建议他找时间帮助他人，而不是仅仅休息。对一个疲于完成自己日常事务的人这似乎很奇怪。但是他遵从了医生的建议，在一个慢性疲劳综合征的慈善团体做义工。他开始感觉到自己能够做到心存感恩，帮助他人再次给予他人生的意义。现在他也冥想，而且对未来更加积极乐观。他享受生活中的挑战，而不是感到压力太大。看起来付出帮助他减轻了压力并提升了幸福感。

下面是一些你可以给予的方式：
- 写一封小邮件赞扬一位同事

- 为某个人开门
- 为一位同事泡杯茶
- 更多地微笑
- 考虑去本地社区做义工
- 帮助一位长者提包
- 邀请一位朋友共进晚餐
- 为一位同事提供工作项目的帮助

练习：改善生活的一个方面

如果你对能够提升幸福感的事情感到茫然不知，不要紧张！尝试下面的步骤，厘清你能够做到的一个举措，它就是一个很好的开始。

1. 参见 328"通往幸福的五部曲"图示。从 1～5 评估每个方面你做到多少：1 是在那个方面你还有许多可以提升改进的，而 5 是在你看来目前生活的那个方面做得非常好。

2. 决定哪个方面是你想改进的。你也许选择最低分数的那个，那是你最想提升的。最好选择你最有可能成功，也喜欢的那个方面。

3. 在接下来的这一周，着力于你所选择的这个方面。例如，如果是探索，看看自己每天学习的新事物。有可能是与孩子玩一个新游戏，重新发现一个旧兴趣，或者参加一直打算要去的夜校学习。

4. 以正念的方式做你所选择的这件小事情，享受这段经历。观察自己是否开始更好地处理压力，在日记本上记录下你的发现作为结束。如果你感到鼓舞，下个月采取另外一个行动！

自我激励的方法

测量日常活动是一种提升积极性非常不错的方式。你可以不仅测量做了多少运动，还可以测量心率、睡眠质量、体重、心情、如何利用时间、做了多少冥想以及一天走了多少步，等等。最近，我的妈妈开始用一个计步器记录一天走的步数，这有助于鼓励她走更多步。

有一个新方法，根据量化你自己的整体运动，可以帮助你达成目标。这被称为量化自我。你可以在www.quantifiedself.com找到更多资讯。

我对科技也很感兴趣。过去几个月，我手机上使用不同的应用程序（App）做记录。这对我是一种激励，并有助于我养成健康的习惯。我已经累积记录了许多冥想的时间（Insight冥想计时器App），体重和饮食习惯（健康伙伴App），每周步行、跑步以及速度（跑步记录者App），如何使用时间（就是用的Excel表格），以及睡眠质量（睡眠周期App）。另外，在个人日记本上记录我的思绪，这个我使用线上私人日记（www.penzu.com）。如果你不喜欢用电子技术，你可以用纸笔做记录,同样也很好,很可能还让你没有那么大压力。

练习:生活中的正念瑜伽和冥想

⏱ 迷你版:10分钟

⏱ 完整版:30分钟

到现在,你已经熟悉之前学习的瑜伽体式。今天,邀请你安静地练习,并从一个5分钟的站着的身体扫描开始。你可以利用这个身体扫描发现身体哪些部分是紧张的,需要额外更多的关注,以及哪些部位是放松的。然后开始练习任何你觉得身体需要的体式。与其认为练习瑜伽是你做的某种特别之事,不如允许瑜伽伸展像一个自然的过程,就像清晨躺在床上舒展你的身体一样。带着正念去伸展你的身体,去满足它当下的需求。

在练习瑜伽10分钟或30分钟之后(取决于你做的是迷你版还是完整版),根据自己的选择,再继续练习冥想。同样,尝试这次不使用音频引导。

变换形式:就是做个调换,你可以先冥想,然后接着练习瑜伽。留意这样做的效果。在瑜伽练习中的正念觉知有可能提升。

水仙花

我好似一朵孤独的流云,
高高地飘游在山谷之上;
突然我看到一大片鲜花,
是金色的水仙遍地开放;
它们开在湖畔,开在树下,
它们随风嬉舞,随风飘荡。

它们密集如银河的星星,
像群星在闪烁一片晶莹;
它们沿着海湾向前伸展,
通往远方仿佛无穷无尽;
一眼望去似有千朵万朵,
万花摇首舞得多么尽兴。

粼粼湖波也在近旁欢跳,
却不如这水仙舞得轻俏;
诗人遇见这快乐的旅伴,
又怎能不感到欢欣雀跃;
我久久凝视——却未领悟,
这景象所给的精神至宝。

后来多少次我郁郁独卧，

感到百无聊赖心灵空寞；

这景象便在脑海中闪现，

多少次安慰过我的寂寞；

我的心又随水仙舞动起来，

我的心又重新充满了欢乐。

——威廉·华兹华斯

反思：你的正念日怎么样？

如果你选择一天或者半天正念日，你的体验如何？你喜欢或不喜欢其中的什么？对你的想法、情绪、身体感觉、欲望和渴求有什么发现？如果你计划再做一次正念日，你希望在日记上标注日期吗，或者仅仅到时再看是否合适？

在日记本、手机或平板上记录下你的反思。

自我关爱常见问题问答

问：我一直都在为他人付出。你真的建议我还要多做一些吗？

答：如果你已经在付出时间帮助他人，不需要再多做。对你而言，很可能需要多说不，而少付出一些。但是，许多人花时间是在考虑自己和让他们自己的生活过得更好。实际上当他们想帮助他人时也会帮助他们自己。正如一位东方高僧曾经说过的："如果你希望他人快乐，修习慈心；如果你希望自己快乐，修习慈心。"

问：要照顾小宝宝和工作，我几乎没有多余的时间练习正念。我从早忙到晚，精疲力竭，我该怎么办？

答：如果你没有空余的时间段停下来做正念练习，如正念暂停，那么不要担心！你可以把你做的日常活动作为修习正念。当你照顾小孩的时候，把注意力放到她的眼睛和身上，温柔地对她微笑，而不是任由你的思绪陷入计划或者担忧之中。当哺乳时，与你的宝宝在一起。当开车去医生那里做检查时，感受你的呼吸，并留意你周围的世界，确保关闭手机和其他的干扰。小小的正念时刻都能有所不同——一次深长的呼吸、一个正念的拥抱，这些都会有很大的不同。

问：我对这个课程要结束了很焦虑。我该怎样准备它的结束呢？

答：这个课程没有结束，真的。恰恰相反，它是步入对生命更多觉知之旅的开始。寻找加入你所在地区的正念或冥想团体。如果没有的话，考虑在线正念团体，要么我组织的，要么其他吸引你的老师。很可能在不久的将来，你可以开始组建自己的正念团体，支持他人也支持自己的练习。

问：我很喜欢慈爱冥想！我可以就做这一个吗？

答：是的，你可以！你可以练习任何你喜欢的冥想方法。不同的人喜欢不同的冥想方法。这些方法都被证实有好处，所以就做那些你觉得对你有效果，或者任何你喜欢的吧。

问：不幸的是，我从来没有真正地做过这本书中的练习。我不擅长坚持做像这样的事情。我要怎么做呢？

答：那不要紧——不是你一个人这样！你可以选择两种方式。你可以仔细地观察你的想法，找到那些阻止你练习正念的想法。接着，从承诺每天练习1分钟冥想开始，从这里开始培养。还有一种方式，想想有什么你经常做的兴趣爱好或者体育运动，把那个活动变成一个正念练习。即便一周只做三四次正念练习，那也是非常棒的。

家庭作业：第七周

这周，当你做练习时，体验不用音频引导，就用计时器设定一个你想要冥想的时间。你可以选择任何你喜欢的冥想方式，或者感觉对你最有效的。如果你发现没有音频引导很困难，那么在隔天可以使用音频引导。

正念助推器

这周正念助推器是运用这章中学习的压力 ABC 法。总结一下，A 代表觉知，所以要觉知你的压力信号，包括想法、感受、身体及行为。B 是有关呼吸的觉察，接着也要留意你对压力的信念，把你的想法转换到对压力本身一种更加积极的态度。

把加速的心跳看成给你的力量，体会快速的呼吸带给你身心更多氧气。最后，C 是选择。选择一个放松的活动来降低压力，让它到达一个更好应对的水平。或者赋能的活动连结你的活力，或者是直面压力源和尝试补救，这样压力得到有效的控制。与你的压力一起工作，而不仅仅是消灭它或者逃之夭夭。

第七周

天数	迷你版课程	完整版课程
1	任何你想做的迷你版冥想练习，没有音频引导 正念助推器：尝试压力 ABC 法	任何完整版的冥想练习，没有音频引导 正念暂停：3 次 正念助推器：尝试压力 ABC 法
2	任何你想做的迷你版冥想练习，没有音频引导 正念助推器：尝试压力 ABC 法	任何完整版的冥想练习，没有音频引导 正念暂停：3 次 正念助推器：尝试压力 ABC 法

续表

天数	迷你版课程	完整版课程
3	任何你想做的迷你版冥想练习,没有音频引导 正念助推器:尝试压力ABC法	任何完整版的冥想练习,没有音频引导 正念暂停:3次 正念助推器:尝试压力ABC法
4	任何你想做的迷你版冥想练习,没有音频引导 正念助推器:尝试压力ABC法	任何完整版的冥想练习,没有音频引导 正念暂停:3次 正念助推器:尝试压力ABC法
5	任何你想做的迷你版冥想练习,没有音频引导 正念助推器:尝试压力ABC法	任何完整版的冥想练习,没有音频引导 正念暂停:3次 正念助推器:尝试压力ABC法
6	任何你想做的迷你版冥想练习,没有音频引导 正念助推器:尝试压力ABC法	任何完整版的冥想练习,没有音频引导 正念暂停:3次 正念助推器:尝试压力ABC法

第十二章

第八周　未来你的人生

> 你的脑袋中有脑子。你的鞋子中有双脚。
>
> 你可以去往你选择的任何方向。
>
> 你是自己的主人。你知道你所知道的。
>
> 你是那个决定你往哪儿走的人。
>
> ——苏斯博士

学习目标

- 回顾在课程中的收获
- 观察自己现在如何应对急性应激压力
- 学习如何继续修习正念
- 以清晰的意图为更加正念的生活设定短期及长期的愿景

拉吉是一个年近40岁的单身男士。他在本地一家业务繁忙的诊所当牙医。他已经离婚一年多,是结婚后一年离婚的。不用说,当他们还在约会时,他的前妻曾经看起来那么迷人,是那么完美的女士。当他们迈入婚姻之后,警报铃声很快开始拉响。她对他的期待戏剧性地增加,他们每晚都吵架。无论他试图用什么方法想改善这段关系,她就是对他提出更多要求。经过12个月的痛苦、压力和难过,他们结束了婚姻。

经历离婚的压力后,生活开始重新恢复平静。压力水平慢慢地回到正常状态。除了一件事情——离婚后拉吉开始挥霍金钱以让自己感觉更好。他就是无法停止消费。他必须要穿名牌服装;在豪华酒店度假;买所有最新式器具;他买了一辆新车,觉得它"值得拥有"。最后,他甚至分期付款买了一栋他根本无力承受的房子。很多晚上他都在上网和添置新东西。最终,他停止打开每天从邮筒槽口掉出来的账单。在意识到这一点之前,他刷爆了信用卡。

当一位同事说他要参加我的一个正念课程,拉吉决定也试一试。他在杂志上阅读过有关正念的介绍。拉吉发现他的身体都是紧张的,身体扫描冥想开始自然而然地释放这些紧张。他每天都打坐,每一坐都处理一大堆情绪,都是过去几年他所想驱散的情绪。

冥想开始让他的思绪逐渐清晰。他开始感觉有足够的勇气去打开账单,并打必须打的电话。他也开始更好地照顾自己的健康,早晨经常慢跑,一周中好几天为自己准备健康的食物。

最好的事情是他停止了过度消费。他意识到不停地在网上购物为了体验那种拥有最时尚器具、衬衫或笔记本电脑的幸福感,但是这种感觉并不能持续太久,15分钟之内,买另外一件东西的欲望又升起。于是，他又继续购买，再创造那种兴奋感。现在，当他再想购物时会犹豫一下，做一个正念暂停，并觉察那种购物欲望，一种身体的切实感受。接着，设置一个5分钟的计时器，看看他是否能够感受这股冲动和呼吸，并看看什么会发生。他努力去做。然而，令人惊讶的是那股冲动大约两分钟就消失了。

自动导航式购物行为开始减少，取而代之的是冥想练习。正念健康有机地在他心中形成了一种深沉的幸福感。多少的购物都无法带给他那种内在平和。

练习：回到原点

在你深入本周课程前，先做几个正念冥想练习，如下所列。这几个冥想练习将帮助你更有正念地完成本章中的反思。

身体扫描

⏱ 迷你版：10分钟

⏱ 完整版：30分钟

音频6和7

你以身体扫描冥想开始这个正念课程，躺着，从一个片刻到下一个片刻，最长半个小时连结身体的感觉。我们现在回到原点。

当你第一次尝试身体扫描，你也许体验到对自己的期待有一大堆不同的念头、想法和信念。经过差不多两个月的正念训练，你可以把不同的品质带到今天的体验中。

特别是尝试将下面两种态度带到身体扫描中：

1. 接纳。留意你的思绪是不是在四处闲逛。看看你是否能接纳这一点。留意是否感受到疼痛、不舒服或者想要挪动、坐立不安或放松的感觉。留意在做身体扫描的过程中任何升起的情绪，看看你是否也能完全接纳它们。给一个空间，让所有的体验如实如是，而不去尝试改变它们。朝着这些想法微笑，如"我已经冥想两个月了，但是我还是不能控制我的思绪"，只是重新开始。记住，我们不是在控制任何想法。

2. 新鲜。这里我是指去体验，就好像是第一次一样。有时候这叫作以"初心"去练习。练习身体扫描仿佛你之前从来没有做过，带着一种好奇心和开放的心态。

就我个人而言，我知道身体扫描比静坐冥想更有难度，因为我经常睡着。但是尽管如此，我发现做身体扫描后的一整天，我更能觉知身体的感觉。

瑜伽伸展

⏱ 迷你版：10分钟

⏱ 完整版：30分钟

音频9和10（可选）

身体扫描之后，你可以选择练习正念瑜伽或正念伸展。可以使用音频引导，或者连结身体的感觉去感觉哪一部分的身体需要伸展。继续保持接纳和初心的态度,如在身体扫描中一样。

扩大觉知冥想

⏱ 音频 15 和 16(可选)

⏱ 最后,做完瑜伽,花一点时间做这个冥想练习。这个练习经常是以坐着的姿势完成。再次,自己决定选择使用音频,或只是设定时间,以你期望的时长进行。觉察一下在做完身体扫描和瑜伽之后做这个练习的感觉如何。你觉得更加容易还是更困难呢?

反思

今天冥想的体验感觉怎么样,请写下来。

1. 是否将更多一点的接纳或初心带到练习中去?

2. 容易吗?有什么你不接纳的吗?如果有,是什么?

3. 冥想的哪些地方是你喜欢的?

4. 你发现自己评判这次练习是"一次好的练习"还是"不好的练习"?如果有,你可以如何不一样地描述它呢?

课程回顾:你挖到了什么宝贝?

此时此刻,回顾课程中通过阅读本书和冥想实践对自己的发现很有帮助。有些领悟也许会通过阅读本页的文字而产生,有一些则通过实际的体验冥想产生,或者你已发觉每天的生活变得有觉知。

这些领悟都很重要。花一些时间回顾课程和反思你的领悟,你可以从中汲取智慧并自我了解。

例如,当我第一次完成正念课程,对自己最主要的领悟是:想法仅仅是出现在头脑中的想法而已。我不需要总是相信它们或者招待它们。还有,我发现活在当下和如实地享受生活很有帮助,而不是把每一分钟都用来思考。

练习:自我反省冥想

在日记本上写下你的反省之前,先花 10 ~ 15 分钟完成这个冥想。

1. 首先从几分钟的正念呼吸开始。

2. 当你在做饮食冥想和身体扫描时,你有什么样的发现?

3. 你也做了扩大觉知冥想、瑜伽和正念暂停。你喜欢这些冥想练习吗?从它们中你有什么样的发现?

4. 随着课程的进行,你学习了有关压力,包括它的好处和不足。你是如何理解压力的?

5. 尽可能诚实地对待自己。请思考以下问题:从这个课程中你得到最大的领悟是什么?你希望可以带走什么?

反思

写下上述冥想练习中的问题答案,特别是最后一个问题。

智慧故事:三根头发

从前,有一个女人,当她醒来照镜子的时候,发现自己头上只有三根头发。她想,"哦,好的。我觉得今天可以编个辫子。"于是她就编了个辫子,并且开心地度过了一天。

第二天她醒来照镜子,发现头上只有两根头发了。"嗯,"她想,"我知道该怎么办——今天我可以从中间往两边分。"于是,她就这么做了,然后又快乐地度过了一天。

接着的一天早上,她醒过来照镜子,发现头上只有一根头发。"噢,我的头发就像马尾巴一样。"她高兴地跳起来,一天过得很愉快。

当又一天早上醒来,她照着镜子发现头上一根头发都没有了。"耶,今天我不需要再打理头发了!"她想。

第八周是你的此后余生!

虽然这是最后一节课,但是我希望这是你终身修习正念的一个开端。这一章不仅将了解这一周要做什么,而且也将建立一个切实而振奋的长期愿景。

有些人希望在日常生活中保持正念,即使几分钟也不停止觉察。理论上，这听起来非常不错，但是实际上，我们的心非常容易回到惯性之中。所以，如果你很热切地希望成为一个更有正念的人，那么你需要每天都做一些冥想练习。

如果你正因长期压力而痛苦，尽可能地多修习正念冥想。研究表明，越多的练习，你就会越受益。那些终身冥想的比丘们，根据对他们大脑的扫描，他们的大脑对压力有高度的复原力。半个小时的身体扫描，扩大觉知冥想和瑜伽，也许能最好地满足你的需要，它们都是本书中完整课程的一部分。

如果你的挑战是短时间爆发的高压（急性应激压力），那么你不仅需要运用正念有效地回应压力，而且需要在这些高压期间得到休息。处于压力之下，结合迷你版课程和不时更长时间的冥想可以很好地帮助你减压。

假设你完成本课程，觉得冥想并不合适你，那么，不妨考虑以一种正念的方式去做一件日常固定要做的事情。许多人发现，操作一项正念的活动减轻压力并活在当下，有些人则是每天早上遛狗、编织、弹奏乐器、烹饪或者园艺。找到适合你的方式，并试着每天都做，或者尽可能差不多每天都做，无论未来决定怎么做，我希望接下来的这些练习将帮助你清晰和坚定你选择的正念修习，从而有助于减轻压力。

设定你的愿景

马丁·路德·金著名的演讲"我有一个梦想"被认为是有史以来最伟大的演讲之一。它特别打动人心,因为金运用想象力描绘了他所看到的未来。那样的梦想、那样的愿景成为人们心中熊熊燃烧的渴望,感染他们行动起来让梦想成真。改变,首先从想象开始,然后才去行动。

爱因斯坦也很理解想象力的重要性。他的名言:"想象比知识更重要。"这个说法从一个被认为知识渊博的人口中说出似乎很出乎意料。但是,也许如你所知,爱因斯坦最伟大的一个观点来自他的想象——坐在光束上会是什么样的感觉。

今天你有机会运用自己的想象力创造一个正念的自己的愿景。你将如何运用一个愿景在生活中正念地与压力共处,这似乎有些奇怪,因为正念强调的是活在当下。但是,当你拥有一个伟大而又可实现的愿景时,你将更受鼓舞,在当下付诸行动。

你要做如下几个步骤(如下页图所示):

1. 通过写一封信的练习,建立一个长期愿景。接着,找到三个令你兴奋不已的长期目标。

2. 通过一个反思练习,建立一个短期愿景。然后,找到三个令你兴奋不已的短期目标。

3. 根据之前的反思和愿景,制订一个冥想计划,如果这是你的愿望。

4.通过每天冥想和精进，活在此时此刻，你正活在更高水平的正念觉知之中，帮助你更有创意地与压力相处。

你的长期愿景

最近的研究发现，如果人们没有想象力，或者失去与未来的自己的连结，他们不太可能健康地饮食或运动。有一项研究发现，那些觉得未来自己是其他人，而不是他们自己的人，不会更好地照顾自己，甚至不会为退休积攒更多钱。

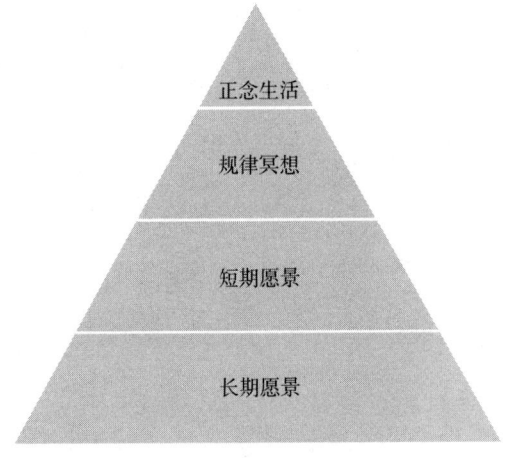

如果你与未来的自己有着更紧密的联系，那么你将更有可能坚持规律冥想的目标，或者其他日常的正念练习。接下来的练习已经被其他人所证实，有助于你实现这一点。

练习：写一封来自未来的自己的信

想想你自己在未来的某一天、一年、三年，或者甚至从今天往后的十年——任何你觉得合适的时间，这一次，想象那时的你已经学会以一种积极的方式处理你的压力。把你自己想象成一个理想的、未来的自己，活在正念中、智慧、慈悲，或者任何你觉得对你而言很重要的品质之中。

设想一下身为一名资深冥想者是什么样的感觉，如果你想成为那样。每天什么时候打坐呢？在哪里进行日常修习？当遇到困难时，你有多愿意做冥想？当时间不够或当压力太高时？

也想想你是如何应对每天的挑战。当交通堵塞时，你的反应是什么？你与伴侣、朋友，或者公司同事是怎样沟通的？你是如何解决冲突的？当吃饭、运动和工作时，你有多正念？你能觉察多少当下片刻的想法、感受和身体感觉？

当你准备好的时候，想象那个你，未来的自己，可以写封信给现在的自己。信里包含如下几点：

1. 未来的自己告诉现在的自己，他看到的所有现在的自己的优点。解释给现在的自己听，你拥有的所有长处和技能，这些让你更有正念和更能承担压力。

2. 对未来的自己表达感谢，感谢现在的自己做出的所有努力：坚持冥想、正念步行，或任何其他的正念练习。

3. 给现在的自己一些自我慈爱和智慧语句，帮助现在的自己克服挑战、保持正念和面对压力。

下面是节选自几年前的我写给现在的自己的一封信,那时我正在经历一些工作上的严峻挑战,想要成为一名作家和冥想老师。

亲爱的今天的沙玛什:

你好吗?我希望你一切都很好。这是未来的你自己,萨马什。我写信给你是想鼓励你,温柔地坚持冥想练习,去处理你现在面对的压力。

优点

我知道,现在因为所有工作中的挑战,似乎对你而言并不容易。但是,你很有力量去克服它们。你充满创意,你能为你所面对的挑战想出独特的解决方法,你愿意付出努力找到解决方法,而不是放弃。你热爱正念,通过每天的冥想练习,你将更好地处理这些压力。在你没有做冥想的日子里,你可以原谅自己,你永远不需要对自己太苛刻。

感谢

我知道,此时你正在经历一段艰辛的日子,所有这些教学、要做的准备工作,还有咄咄逼人的经理和私人问题。但是,我写信向你表达万分感谢,感谢你坚持冥想和正念练习,规律的一日和半日的正念修习真正地帮助到了你。你努力地穿越这段艰苦的日子,因为如此你成为一个对压力更有复原力的人。

自我慈爱的智慧之语

此时此刻,你正在经历一段艰难时光,但是你并不是孤身一人,有许多人都面临着工作的挑战,不需要苛责自己。恰恰相反,对自己说一些美好的话:"嘿,你已经全力以赴了",或者"今天是艰难的,但是明天将是全新的一天"。这些充满自我友爱的话语也许感觉有点怪怪的,但是它们正是你会对一位正经历困难的朋友所说的。随着时光推移,它会成为你的习惯。

最后,再次感谢你坚持不懈地每天冥想以及正念生活,对自己和他人都充满了慈爱之心。请记住,你所面临的挑战只是暂时的,它们都会过去。保持正念!

爱你的
未来的沙玛什

小诀窍:以你自己的风格写这封信。没有任何必要模仿我的。可以任意增加任何部分,你可以写得更加具体。

花些时间做这个练习。或许你想在冥想练习之后写信。

如果写信并没有让你受到鼓舞,考虑画一幅画、拼贴画或任何其他适合你的表达方式。

反思

写完信之后,以更正念的生活来管理压力,你应该对这三个更实际的长期目标多一些想法了。请把它们写下来。

譬如,每天练习正念冥想15分钟,每次几个人参加一日正念,每年参加一次正念课程,通过正念沟通培养友谊,或者任何其他你喜欢以正念方式做的事情。

你的短期愿景:接下来的3个月

迄今为止,你已经进行了大约两个月的正念修习。对于你们中的一些人,冥想已经成为

> 我的愿景是成为一个平和而快乐的人——一个照顾好自己的人。在过去八周里,这个梦想变成现实。它比我以为的要更接近。

一种日常习惯。而有一些人也许还在挣扎于找到时间和空间经常练习,并可能对此感到沮丧。

既然已经思考过长期愿景,那么想一想哪些与正念相关的目标有助于接下来3个月中的压力管理。其中一个目标可能是每日冥想练习、一种正念生活方式、运用一个正念助推器,或者每天15分钟正念步行。帮助自己厘清目标及增加成功的机会,而不是让这些目标成为另一个压力的来源。不妨写下这些目标的具体细节。

反思

写下接下来 3 个月的正念计划。为了帮助提升养成正念习惯的可能性，请回答如下问题：

1. 接下来这 3 个月，你的 3 个主要目标或者意图是什么？尽可能地务实，这很重要。
2. 每个月你会运用哪种冥想方法？
3. 你会投入多少时间呢？
4. 你每天什么时候练习？
5. 坚持这个计划的可能性有多大？
6. 有没有什么样的方法可以提高这个可能性？如果有，怎么样？
7. 你可以与谁谈论这个计划，从而提高达成计划的可能性？或者有谁可以与你一起冥想，每天或是每周？
8. 你做冥想练习有什么障碍？尽可能对自己诚实。
9. 当有困难出现时，你会采取什么切实的办法来克服困难？
10. 当没有达成目标时，你会对自己说什么友善的话呢（像你可能对待一位好朋友一样对待自己）？

反思一下困难特别的重要。大多数认为坚持目标的最好方式就是积极看待目标。但是，结果是思考消极面竟然更有效——想想哪些可能阻止实现目标以及决定该怎么解决问题。

对我而言,"哦,我现在不想冥想了"这样的想法可能是练习的障碍,如果我觉得真的很累或很生气,如果我就下楼吃早饭、开始新的一天,那么我很有可能不会冥想。于是我观照看着那个想法和愿望,并对自己说:"让我至少先冥想1分钟,然后再做决定。"通常过了第一分钟,我会很开心地继续冥想下去。实际上,这种技巧用在其他拖延的事情上也很管用。

研究角:实现愿景

要想了解为什么设置愿景和把它们都写下来是如此重要,请参考下面的研究,2010年发表于《英国健康心理学》杂志。通过对248个人的测试,研究员们研究如何帮助人们更好地坚持目标。测试者被随机分配为3组,做希望让他们开始的练习。

● 第一组——控制:测试者被要求记录过去两周的运动量。

● 第二组——激励:测试者被要求阅读一份小册子,介绍运动对减少心脏疾病的好处。接着,要求他们记录接下来两周的运动。

● 第三组——愿景:这一组收到了与第二组同样的小册子。但是,要求他们当场就写下来,接下来的一周哪天和哪个时间,他们会做20分钟剧烈运动。

下面是令人惊讶的结果：

第一组：38% 的人至少一周运动 1 次。

第二组：35% 的人至少一周运动 1 次。

第三组：91% 的人至少一周运动 1 次。

这表明，除了其他许多研究，如果你写下具体什么时候和什么地方你将做你选择的活动（在我们这里指正念生活和冥想），你更有可能实现目标。此外，它也表明仅仅通过阅读正念的益处鼓励自己，也许并不起作用，你需要承诺日期和时间，并把它们写下来。

养成冥想习惯

要让正念冥想成为日常，你需要养成这种习惯。这听起来似乎有点奇怪，因为你已知道活在惯性自动导航模式的问题。但是，你可以把冥想变成一个有觉知的习惯，而不是自动化地进行。有意识的好习惯是你知道你有这个习惯，并很高兴你能拥有这样的良好习惯。冥想的习惯就是其中之一。

我已经把冥想变成一个日常和清晨的习惯。大多数早晨，我就是起床，然后冥想。这样我不需要太多去想、说服或者强迫自己去做。也有一些时间我漏掉了这个习惯，但是不久之后我就又设法恢复了。你可以培养一个类似的良好习惯。

近年来有许多关于良好习惯的研究。这里是科学的建议。

1. 采取小步骤。刚开始冥想，每天 30 分钟甚至 10 分钟可能都不太容易。如果这样，试一试每天3分钟——你知道自己可以做到的，然后持之以恒！可以从这里开始。

2. 一次专注一个习惯。如果你正在养成每天冥想的习惯，不要在生活其他方面做重大改变。一次专注于一个改变，提升成功的可能性。许多实验证明，人类没有无限的意志力，所以一次选择一个挑战是个非常不错的主意。

3. 写下你的目标。用日志记录你想冥想的迫切度，什么时间准备进行，你希望到哪一天实现这个目标。如果你完成了上一个日志练习，那么你已经写了。

4. 重复再重复。要养成冥想的习惯，你需要持续练习。多少次呢？因人而异，当它变成习惯时你会知道的。

查尔斯·杜希格在他的畅销书《习惯的力量》中，介绍了一个神经回路习惯的三个部分。它们是信号、例行程序、奖励。

在冥想练习中，例行程序是冥想练习本身。那么什么是信号呢？它是触发器，告诉你是时候冥想了。对我而言，信号就是早晨醒来。当我醒过来，躺在床上自然伸展一下，设定冥想计时器，或一段音频引导，然后开始冥想。实验表明下面这几类都可以成为起因：

1. 地点。例如，我的一位学员总是在上班的地铁上冥想。那个地点促使他冥想。

2. 时间。无论你选择什么时间，早晨通常是最佳的，但是并非适合每个人。

3. 情绪。例如,当你感到焦虑、低落、生气或者疲惫时,你也许想冥想。这些都可能成为你的冥想触发器。

4. 他人。例如,你也许与一位朋友一起打坐,或者你加入一个冥想团体。

5. 前面的行为。例如,在刷牙后、早餐后或者淋浴后。

那么,什么是奖励呢?在冥想中,就是去练习并观察什么会发生,而不是寻求回报。我知道,如果我停止一周冥想,我变得易怒、没有那么平静和集中精力。成为一个更具有接纳性、平和并专注的人让我感觉更好。这就是我的奖励。有一些老师会说冥想没有奖励,你的练习是为自己做的。

小诀窍:当你第一次养成冥想习惯,你可以体验奖励自己,如打个电话给一位朋友、一顿最喜欢的食物,或者一杯你最喜欢的咖啡。冥想后的小小奖励将有助于形成大脑中的习惯回路。过一段时间,你不再需要奖励自己额外的东西:冥想本身就是你的奖励。

这也会过去的

当事情太多了,你不能再多做任何,

当起床似乎成了最大的琐事,

这里有几个字可以给你带来平和,

无论是什么引起的焦虑,它肯定会消失。

这几个字很简单,但是意思也很清晰明了,

> 现在请记住它们,并小心地保管它们。
> 所有的体验都稍纵即逝,
> 想想"这也会过去的",微笑而释怀!
> ——沙玛什·阿利迪纳

正念是一个奇迹,但是需要时间

美国大峡谷被认为是世界七大奇观之一——大自然的奇迹。它的广袤无垠让你叹为观止。大峡谷平均深度为4000英尺,全长277多英里,科罗拉多河横穿而过。一条河流要形成这样的威力,需要百万年的时间。当我几年前去的时候,甚至都看不到底部的河流。大峡谷的深度多么令人惊叹。这是一个提醒:积少成多,积水成河。

同样地,日常正念练习也许看起来每天没有什么差别,你会感到沮丧,你还在继续感受着过度压力带来的身心摩擦。但是,觉知之河渐渐渗透,进入你的存在。一天又一天,正念觉知柔软你的心,唤醒你去感受环绕着你的美好生活之河。想一想科罗拉多河,每一天河流冲刷切割几分之一毫米,而随着时间推移形成了一大世界奇观。下面有一个好消息:虽然冥想也许得花好几个月时间才显现成效,但是它不会像科罗拉多大峡谷一样要花上几百万年。

当感受生命中的伤痛时,它仿佛是体内一道永久的疤痕。然而,温柔的正念可以开始疗愈这些内在的伤痛。你也许感到心碎、受伤，甚至觉得无法弥补。不是只有你一个人有这样的感受。正念不是所有问题的答案，它只是其中一个。但是我遇到过许多人，他们发现对生活无休止的压力，正念是一种极大的慰藉和疗愈之道。他们把正念描绘成一个救生员，一个重新开始的机会。

例如，露西是一位会计实习生。她有非常大的工作压力，必须晚上学习准备会计考试，她没有时间与朋友会面。除了这些，她的老板对她的工作似乎从来都不满意。有一天，她突然眼泪夺眶而出——她感到压力很大。几周之后，男朋友和她分手了，说她没有时间陪他。她的人生仿佛正在四分五裂。露西没办法再面对工作。她去看医生，医生给她开了休假条，并推荐她参加正念课程。冥想让她从波涛汹涌的负面想法和情绪中分离出来，这帮助她感觉人生尽在掌控之中。正念也教她自我接纳比努力在工作中做到完美更重要。她在附近公园做正念步行，也与朋友们取得了联系。短短几个月，她再次加入公司进入不同部门，开始成功的事业发展。她继续每天拿出时间冥想。几年之后，在正念和自我慈爱练习中，她仍然会发现对自己和他人新的认识。她所感受到的焦虑和失去的痛苦经历像一道内在伤痕，但是冥想给予她时间和空间去疗愈自己。你也有疗愈的内在力量，正念是一个强有力的方式。

打开正念生活方式的七把钥匙

这一章及课程接近尾声,我想提供一些正念生活的建议。它们是正念(MINDFUL)英文首字母的缩写组成,这样更加方便记忆。如果你喜欢它,可以拍照或下载,打印出图表(见下页图)。图表总结了这七个关键。(可在www.guilford.com/alidina-materials 下载打印)贴在冰箱门或可以提醒你保持正念的地方,把它作为整个课程的概述。

M——冥想

花一些时间感受你的呼吸、做身体扫描、扩大觉知冥想或者瑜伽练习。冥想意味着关注你的想法、感受、身体、呼吸,或者在你选择的时长内去连接你的一个感官感觉。在思索以什么方式进行生活瑜伽时,请自由发挥创意。当你有意识地去做的时候,此时此刻带着正念专注,喝茶、游泳或者园艺都可以成为一种冥想方式。当你练习时,考虑在脸上增添一丝微笑,提醒自己不要把这个练习看得过于重要。这提醒你不要那么严肃,对你选择的方式保持幽默。

I——不同的理解

幸福感只有 10% 是由外在决定的。改变你的态度、对事件的理解,人生将更加美好。失去工作让人不爽,但是它不是给你改变职业的一次机会吗?紧迫的最后期限不是好事,但是压力是否让你更有干劲和激励你更有效地工作呢?举一个很极端的例子,当我的祖父母去世时,当然我很悲伤和难过，我与他们都很亲近。但是随着时间的推移，我意识到，他们的去世也帮助其他的家庭成员变得更加亲密。我们有机会庆祝他们的人生。他们的死亡是悲伤的，但是也给我们一次机会去享用他们传递给我们的礼物。理解是将你的注意力引导至正面积极，而不是仅仅在负面消极上。

七把通往正念生活方式的钥匙

M	冥想	每天安静的时间
I	不同的理解	改变你的看法
N	不评判	超越对错
D	探索	对认识自己保持开放
F	原谅	原谅自己和他人。不满、积怨是痛苦的
U	欲望冲浪	观察欲望升起和消失，而不是对它们进行自动的应激反应
L	照顾好自己	照顾好自己你能更好照顾他人

N——不评判

当你进行正念练习时,一个原则就是不评判。我们的完美主义社会已经训练我们不断地寻找错误之处,并努力改进提升。但是,回忆一下上一次你看到的自然美景,可能是一片美丽的风光,连绵的山峰和树林。你想过"那棵树有点矮"或者"那座山不够起伏"吗?当然没有。你没有评判地欣赏,你是正念地并享受那一刻。做决定时你可以评判,但是也要每天留出时间停止评判。

D——探索

正念是关于发现更多自己和周遭的世界的认识。你成为你自己实验室的科学家。这个实验室就是你的身体和心灵。留意你习惯性的思维模式,弄清楚当每天冥想坚持一周后会是怎么样。探索完全地接纳所谓的负面情绪会对你带来什么影响。

F——原谅

从原谅自己犯的错误开始。如果你已经读到此处,我毫不怀疑你的善意,你想成为一个更有正念和觉知的人。接纳身而为人,你是不完美的。像在这地球上的每个人一样,你会犯错。谴责自己只是给生命增加负担,反而应该原谅自己和从错误中学习。接着,学习原谅他人,并不是说他们做得对,而是让你放下积怨。紧抓着责备不放只会让你自己更痛苦,而不是他人。

U——欲望冲浪

这个不常见,但是你会发现它是有帮助的。欲望冲浪是一种觉察的方式。

当你有一种想做某事的冲动,下决心只是看着那个欲望升起和消失,而不是完全满足你的诉求。这被用在戒瘾治疗。但是,在我们这个现代社会有许多诱惑:含过多糖分和油腻的食品、娱乐休闲、电话、电子邮件、网络,等等,我们不断地被诱惑着。

L——照顾好自己

你也许付出太多。不断地帮助他人,没有时间休息和恢复精力将让你感到枯竭。那么你就不能帮助任何人,照顾好自己:充足的睡眠、运动、兴趣爱好、社交、生活乐趣和冥想,这些都是人体功能的必需品,它们并不奢侈。

找到持续的支持

正念是一个流行的主题。可以获得许多资源支持你的精进用功,包括如何将正念运用在不同方面的书籍、其他的冥想引导音频、本地的冥想团体、基于正念的治疗师和教练、在线课程和团体,以及冥想营。

第八周常见问题问答

最后一节课是一个机会去探索任何在你脑海中尚存的问题。

问：如果我不能按照计划坚持冥想怎么办？

答：如果你觉得不能坚持计划，那么调整它。减少冥想时间，或者找到一个本地 1 周 1 次的冥想团体，或者一群线上冥想者也会有帮助，做一次尝试。然后在 3 个月后重新评估。

问：我真的觉得没有从这个课程中获得多大收益，我要继续吗？

答：那完全取决于你。只是要知道正念的好处很微妙，一开始很难留意到。我建议，如果你愿意的话，每天一次练习再多坚持几个月。当然，这是你的选择。

问：我错过了好几周的课程，我可以重新开始吗？

答：你可以重新开始。这样做完全不会有什么不好。实际上，经常练习八周正念课程是一个非常棒的方式。如果你纠结于安排、计划时间的话，它给你自己一些基本框架。

问：如果我想参加更长的正念课程，该怎么做？

答：你可以把这个八周课程做 8 个月。每个练习做 1 个月，而不是 1 周。我之前这么做过，我发现了各种各样对自

> 昨天我往外看，看见了最漂亮的彩虹！在学习正念之前，我可能不会再多看一眼。正念让我的人生值得再活一次。如果你认真看，生命中不只是乌云和阴雨，它还有阳光和彩虹。

己的新认识和领悟。

问：即使参加了这个正念课程，我还是感觉到很有压力——我的心跳很快，而且我总是感觉过于愤怒和紧张，睡眠也不好。我该怎么办呢？

答：首先去看医生。医生能够准确评估你的症状。接着，你会知道你是因压力过大而难受还是其他的原因，或者两者都有。一位健康专业人士应该能够指给你其他资源，或者另一位可以帮助你的专业人士。如果不行，换一位医生或健康专业人士，你的健康最重要。

一生的家庭作业

如我之前说过的一样，第八周是你的余生。因此，这周的家庭作业可能是一个很长的清单！恰好相反，这周让我们尽量简单。接下来这周你可以使用日志上写好的计划，从今天开始练习。

1. 冥想。每天找到时间去做你选择的一种冥想。时间可以从 1 分钟到 45 分钟，这由你决定。

2. 正念生活。保持每日正念——尝试将注意力带回到当下这一刻，无论何时何地记得这样做，无论你在做什么。

3. 正念助推器。选择任何正念助推器，在这个课程中过去七周你喜欢用到的。一个简单的选择就是每天花一小会儿时间想一想并写下你所感恩的是什么。

练习：结束冥想

这是最后一个冥想，来结束这个特别的课程。让这个练习成为生活、新征程的标志吧，开启全新的一章。在这个过程中培养更多的觉知和自我慈爱，深深地植根于你存在的核心之中。

1. 以一个你感觉舒适的姿势坐着或躺着。轻轻地闭上眼睛。

2. 做三个深长、完整而有意识的呼吸。接下来让你的呼吸回到自然的节奏，感受每个珍贵的吸气和呼气。

3. 留意身体，自然地呼吸，而不要刻意呼吸。让你的呼吸自然地进行，你成为一个观察者，用几分钟的时间观察这个体验。

4. 让觉知扩大到整个身体——感受身体随着每次呼吸在扩张和收缩，觉知身体的感觉。

5. 回顾过去七周在冥想中你付出的所有努力，所有那些你尝试保持正念的时刻，肯定这份努力，为这份付出感到自豪。走到今天，无论你实际做了多少冥想，都是令人称赞的，虽然这些练习与现代社会所推崇的大相径庭。所以，恭喜自己已经做到的，而不是责怪自己还没有做到的。

6. 当你准备好，练习一会儿慈心禅。如果可以的话从发慈悲给自己开始。用这些句子，或者其他任何你喜欢的：

"愿我身心安乐。愿我身体健康。愿我远离一切的痛苦。"

如果可以的话，让这些句子进入你的内心，而不仅仅是你的头脑。

7. 现在将你所有的朋友和家人都在心中想出来，包括你自己。说下面的话：

"愿我们身心安乐。愿我们身体健康。愿我们远离一切的痛苦。"

8. 现在想一想所有练习正念或各种形式冥想的人，就像你一样。

"愿我们身心安乐。愿我们身体健康。愿我们远离一切的痛苦。"

9. 在心中想到所有的生命、植物和树木，所有的人类和陆地上的动物，海洋里的鱼类和空中的鸟类。

"愿我们健康快乐。愿我们远离一切的痛苦。"

10. 结束冥想时，记得提醒自己，你并不是一个人在冥想——任何时候。此刻，全世界数百万的人正在练习冥想，来管理他们的压力、敞开他们的心扉，或者带来更多的内在和平及世界和平。把这次冥想的好处送给自己，也分享给这个世界所有的人。希望他们快乐，远离一切痛苦。你正如这个世界上的每个人一样值得拥有幸福快乐。

11. 当你准备好的时候，结束这次冥想。

变化形式：做这个冥想时，有些人喜欢点蜡烛，或者一些鲜花，或者把漂亮的石头放在他们面前。这样就像一个庆祝仪式，标志着一种更加正念的生活方式的开启。

小诀窍：你可以用这个冥想帮助你带来一种结束感，用在任何重大的旅程或生命过程。这个冥想中的慈心修习特别有助于安抚心中的负面情绪，以及增强应对未来压力源的韧性。

结束语

感谢你与我一起走过这趟正念之旅。你与我分享了这段鼓舞人心的旅程，我深感荣幸。希望某一天我们能相见！

记住，无论过去多么不堪，或未来看起来多么黯淡，你并不孤单，在此时此刻你可以找到解决之道。活在当下，一个正念呼吸接下一个。喜悦、平和、清晰都是你真正可以获得的。

祝愿你一切安好！

第十三章

正念伸展及瑜伽

> 我们的身体就像一座园圃，
> 而我们的意志就像是园丁。
> ——威廉·莎士比亚

活动或伸展身体可以成为一种愉快的培养正念的方式。当你开始缓慢地用力伸展，身体接收到的诸多刺激给你很多感觉、体验，让你集中注意力。对许多人来说，这让注意力更容易专注于当下，并感觉更安定、踏实和与身体有连结。

有很多以正念进行伸展的方式，最受欢迎、最流行的方式很可能是瑜伽、太极和气功。虽然本书中提供的是瑜伽，但是你可以练习任何适合自己的方式。

什么是正念瑜伽？

瑜伽一词的意思是"去参与"或者"去连结"。瑜伽是身心的连结。大多数人想起瑜伽就是一系列的身体动作，旨在提升身体灵活度，还有促进放松或身体健康。但是，瑜伽在传统意义上是心灵的培育。

正念减压课程（MBSR）中的瑜伽不是体育锻炼，它

的重点更多地在觉知你所做的不同体式,以及体式之间的转换。你可以关注:

- 身体内每个片刻的感觉。
- 呼吸。
- 头脑如何开始想其他事情,将注意力带回来。
- 身体内的情绪。
- 你与每个伸展动作的关系。例如,在头脑中跳出来的评判,在保持某个体式时你的情绪反应、想逃避做某个伸展动作时的想法。
- 如果与他人一起练习瑜伽,留意并放下比较、竞争和评判自己。留意和放下"做"的想法,逐渐进步,然后能做到某些体式。

如果由于宗教信仰,你觉得练习瑜伽不自在,可以自由采取其他的正念伸展。选择让你觉得舒服的伸展方式,并不一定是瑜伽体式。这个课程与任何宗教没有联系,希望这个过程能适用于所有人,无论你来自什么文化背景或体能。

温馨提示:在练习本书中列出的任何体式前,请记得咨询你的医生,特别是有健康状况的。如果你的确有身体状况,那么建议你最好在一位有专业经验的老师的指导下进行,他可以为你调整合适的体式动作。

这种情况,尝试只想你自己每个体式做几分钟时间,就像真正在做一样。想象能激活大脑与伸展相关联的神经元细

胞。来自好几项的研究证明这样做肌肉也得到了拉伸，这需要你经常想象它才会有效果（一

> 我真的很抗拒练瑜伽这种理念。但是，当我把它看作正念的伸展，它似乎更容易被接受——即使是我也可以做一点点伸展！

周做几次，至少做几周），而不是仅仅一次或两次。而且你越能生动逼真地想象，效果就越好。

研究角：注意你的姿势，感觉棒极了！

姿势对你的感受有不同的影响。如果你感觉情绪低落，那么就要坐得笔直、昂首挺胸走路，不要无精打采。通过让你感觉更能把控，这也有助减压。科学似乎也赞同这种观点。

2009年发表在《欧洲社会心理》期刊，由布林诺、佩蒂和瓦格纳所做的一项研究，让一组中一半人懒洋洋地坐着，而另一半人挺直脊背地坐着。对比那些懒散坐着的人，那些坐直的人明显有更高的自信心并信任自己。所以，确保自己的站立和坐姿都保持笔直，特别是下一次面试或约会！

瑜伽是一种正念练习：与你的身体同在

瑜伽是一种超级棒的方式，正念地训练活在当下。有时候，当你以正念的方式练习瑜伽，你也许体验到心流。心流

是一种心灵的状态,在那种状态里你非常专注,你只是专注在正在做的事情上,这里就是指瑜伽。觉知呼吸和身体有助于进入这种正念的心流状态,你会忘记购物清单或者要做的园艺,你甚至忘记生活的某个面向,过去经常会记得的——自我感。注意力全部都在此时此刻。你也经常会忘记时间,因为如此地活在当下。

这种状态是你可能经常、有时候或从没有体验过的一种体验。最重要的一点是并不企图进入任何特别的状态,就只是保持正念,带着好奇和开放去专注,观察所发生的。

大自然的树木可以教你许多如何练习瑜伽和减压。观察树木是如何应付风的。当一阵风吹过,树枝摇曳,树叶随

风起舞，它们不是僵硬或静止的，树梢似乎是摇晃得最厉害的，但是，树干如如不动，扎根于大地，树的根基几乎是不动的（见第 378 页图）。

瑜伽也类似。被一天的压力之风吹过，你温柔地伸展手臂和双腿。正念瑜伽的理念是处于觉知之中，正如树没有深根就会倒，即使外面看不见根部。觉知就是你的根基，越长练习活在当下，你的根就扎得越深，你就减少了被面对的压力所吹倒的可能性。

在练习瑜伽之前，下面是几个可以参考的小诀窍。

- 瑜伽不是说你可以多伸展。你会认为最高大的树是可以弯曲得最好的吗？当然不会。同样的，瑜伽不是你认为的要有多柔软，它是你开始与自己在一起。即便是一年的瑜伽练习，身体柔韧度与刚开始练习一样，这也不要紧——那不是目标，重要的是你带到练习中的正念觉知水平。

- 正念瑜伽的关键是让注意力安住在呼吸和身体感受上。这是个秘密。只是留意呼吸和身体。你的心会随念头四处闲逛，这些念头包括评判、会议、解释、观点、计划和其他。当你留意心在闲逛，接纳和把注意力带回到呼吸和身体感觉，不需要禁止念头的出现，只是觉察、微笑和把注意力带回来。

- 瑜伽不是竞争。竞争与比较和评判有关，努力去达成一个目标——拿自己和别人比较，或者与自己的过去比较。竞争可以带来更大的激励，但是通常不是减轻压力，这不是本书的内容。你现在不够好,但希望自己更好,那么,你的注意力在哪里呢?你的注意在你想要成为的地方,而不是现在。所以,你没有活在当下。正念瑜伽是放下努力去实现的一个目标,是仅仅活在当下!

用你的呼吸像钩针一样把正念织进瑜伽练习。你可以觉察体式中呼吸的变化。某个体式或许加深呼吸,而另外一个也许让呼吸更浅。保持体式也会体现你的呼吸——你可以带着好奇心看着。

每一次当你进入一个瑜伽体式,它就是一个探索的新机会:发现身体、想法和情绪之间的关系;发现哪些肌肉感觉紧绷,对紧绷感的情绪反应,以及在头脑中升起的念头。

如果你是一位资深瑜伽修习者,你也许想做更有难度的体式,那是可以的。但是,如果带着正念,即使是最熟练的练习者也可以从这些体式中学习和成长,就好像是第一次做,带着一种新鲜和轻松感。

想参加一个瑜伽班?

除了本书中的基础瑜伽学习,你也许想参加一个课程。参加瑜伽班的好处是老师可以示范给你看如何做体式,并纠正你可能做错的地方。和他人一起学习,结交朋友也是额外的减压。

下面是找到一位适合的老师的几个小诀窍:

- 这位老师有经验吗？多少年资历？这位老师合格吗？
- 这个瑜伽班是为了放松和减压，或者其他的目的？哈他瑜伽通常比较慢和有正念，但是几乎每一种瑜伽都是以正念的方式教授的。
- 这个班适合不适合初学者？
- 如果你有特别的健康状况，了解老师在课程中能否合适地做出调整。

用玩耍的心态去体验瑜伽（或人生）

轻松幽默是一种正念的态度。一种愉快的练习瑜伽的方式就是带着玩耍的态度，看看你是否能在不同的体式中体会到喜悦。如果可以，非常棒。如果你有困难体会不到快乐，那也没有关系。也许你正在承受巨大的压力，这些压力此刻让你无法体会到快乐。如果是这种情况，尽你可能做到把正念觉知带到体式中去。同时，可以面带一丝柔和的微笑。研究发现，面部肌肉中的神经可以发送信号至大脑，有助于温和地提振你的心情。

当你是一个孩子时，你可以在最小的事情上找到快乐。那个内在小孩并没有离开——你可以一直都连接那个内在资源。当你练习瑜伽时，去体验把孩子般的好奇带到你的身体，看看会有什么发生。

大多数的专家赞同玩耍不仅有助于孩子减压，也有助于成人减压。玩耍被幸福心理学家所证实，它是 24 个最重要的人类优点之一。如果有一个兴趣爱好或一项活动，你每天或一周做一次仅仅是为了开心，你更有可能带着觉知去做，于是也帮助你减轻了压力。

当最开始参加瑜伽班学习时，我内心对瑜伽是抗拒的。第一次真正喜欢瑜伽练习，实际上是当我接受乔恩·卡巴·金博士（MBSR 正念减压创始人）的正念师资培训。他教导所有受训师资，并鼓励我们将一种玩耍的品质带到整个瑜伽练习中。他邀请我们想象我们就像婴儿一样，躺在婴儿车里，好像人生第一次伸展身体。对于我来说，这让整个过程更有乐趣也不费力。

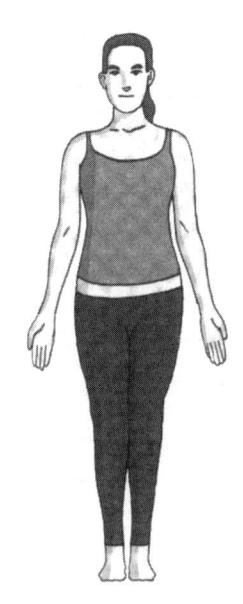

练习：迷你版正念瑜伽体式

⏱ 音频 9：10 分钟

山式

首先，身体站直。双脚大拇趾相碰，但是脚后跟稍微分开。如果你觉得这样比较难保持平衡，可以微微分开双脚。收紧大腿肌肉，这样可以提起你的膝盖，但是保持腹部放松，感受身体内一种柔和的拉

1.将胸部向前抬起,坐骨往后伸展,这个动作让你的胃部往下移动。同时,抬头望向前方。

2.下一次呼气,回到猫式。

3.如果可以的话,以这种节奏跟随你的呼吸做10~20次。

小诀窍:小心地保护好你的脖子,保持双肩下沉,远离耳朵。

婴儿式

跪坐在地板上,进入婴儿式。双脚拇趾相碰,然后温柔地坐在两脚跟上。如果臀部坐下去比较困难,可以分开双膝。手掌心朝上,双手手臂放在身体两侧,继续感受呼吸的

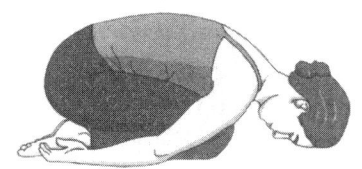

小诀窍：后弯不要过度。检测自己是否做到极限，双手离地向上举起，看看你能保持这个体式多久。记住，你正专注于用正念觉察减轻压力，而不是给后背过多的紧绷感。

猫式

牛式

手掌和膝盖支撑于地面。双膝正好落在臀部下面。保持双肩、手肘和腰部在一条直线上。以头部为中点，头部既不向前看，也不向后看，相反，仅仅凝视着地面。这是像一张桌子平面的姿势。呼气时，后背向上拱起，头部往下，但是不要强迫自己的下巴接触前胸。吸气，回到桌平面这个姿势，然后来到牛式。感受吸气腹部和后背膨胀扩展的感觉。这个体式给你一个特别的机会去感受后背部的呼吸。

放松头部和脖子,让双手也放松下来。继续呼吸,每次呼气让自己更放松。如果你觉得不舒服,膝盖可以弯曲一点点。

眼镜蛇式

身体朝下趴着,往后伸展双腿,双脚脚面紧贴地面,双手放在地板上,置于肩膀两侧,手肘向身体内侧收紧,温柔地将双脚和臀部向前推。觉知你的呼吸。

下一次吸气,双手手掌慢慢向下压,支撑身体往前。抬起的高度刚好让骨盆和双腿能够继续保持与地面接触。继续感受每一次吸气和呼气。双肩往后压,观察后弯的力量是否能分布到整条脊柱。这个姿势保持大约10秒。然后,在下一次呼气时,慢慢地身体向下落回到地板上。如果觉得可以的话,重复这个过程两次。

伸感。转动骨盆，这样尾骨是内收的，耻骨向肚脐方向移动。双肩向后向下压，胸腔打开。确保头部在颈部正中保持平衡。

向上礼敬

下一次吸气时，双手臂向前向上举起，伸向天空。伸展的时候感受手臂和肩膀的感觉。手掌相对，平举于头顶。将你的头部慢慢地舒缓地往后抬起一点，不需要太过用力向后太多。向地板的方向延伸你的尾骨，保持呼吸并正念觉察，在这个姿势停留几个呼吸。呼气并将双手臂放下，开始向下弯曲身体。当你向下弯曲的时候，来到第二个体式——站立前弯。

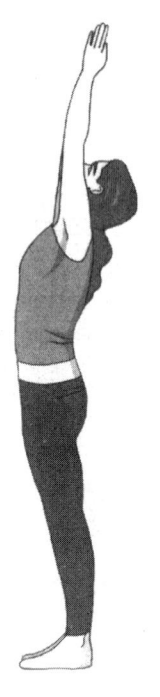

前弯

呼气，收紧大腿肌肉。保持双腿微微弯曲以保护你的后背，从你的臀部向前向下折弯，注意不是腰部。向下弯的时候，呼气放松，并感受大腿及后背的感觉。留意你能做到哪个位置。

感觉。每一次呼吸,都有一种肩膀放松和重量往下落在地板上的感觉。这是一个休息的体式,所以你不需要有任何用力。1分钟左右,在下一次呼气,慢慢起身。

小窍诀:加大一点难度和拉伸感。双手手臂向前伸展,同时肩膀向下向后往回收。

摊尸式

以摊尸式结束今天的瑜伽练习,如第四章所述。

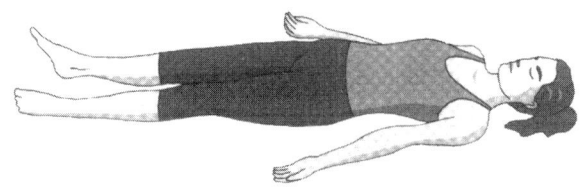

练习:完整版正念瑜伽体式

音频10:30分钟

如果你参加的是本书中的完整课程,先做一个迷你版瑜伽,如前所述。接着直接进入这个部分,需要大约20分钟时间。

1.继续保持摊尸式,在下一次吸气时,让双手手臂举过头顶,以相反的方向拉伸脚后跟。吸气,呼气,当你做这个动作时,留意身体的所有感觉。在下一次呼气时,将手臂放

回身体两侧。做一次正念呼吸。

2. 现在将双腿离开地面,膝盖朝向天花板。双手抱住膝盖,弯曲双膝靠近胸前。柔和地向前向后滚动,按摩后背部的肌肉。如果你愿意,可以将头部靠近膝盖。你可以尝试其他动作,温柔地前后翻滚。做几次这个动作,然后将双腿伸展放回地面。留意身体现在的感觉。

3. 双手抱住左膝盖。如果你希望加深拉伸,可以将头部靠近膝盖,做到自己的极限,让自己舒适的程度,感受拉伸的感觉。然后,保持几个呼吸,放回左腿。右腿以同样的方式重复这个过程。

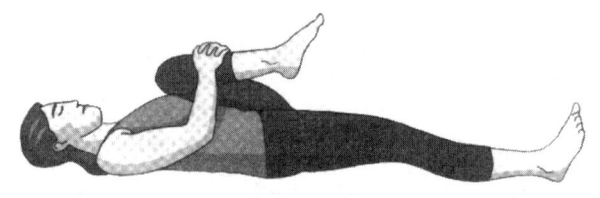

4. 仰卧,手臂放在身体两侧。留意现在身体的感觉,与你的身体和呼吸在一起就好。

5. 抬双膝,双脚尽量靠近臀部。可以将一块毯子垫在肩膀下。呼气时,往下用力压双脚,肩膀支撑,后背离开地板。

保持膝盖在后脚跟上方。在腹部上方和下方都有很大的空间呼吸，留意这一点。当感觉合适的时候，慢慢地往下落，后背回到地面。然后，伸展双腿，留意躺下时身体的感觉。

6. 再次躺在瑜伽垫上。双手抱住膝盖，将双膝靠近前胸，做几个正念呼吸。接着温柔地左右或者前后摇滚，按摩背部肌肉。如果你可以做到，呼气时将头部靠近膝盖。当你准备好时，伸展双腿回到原来的位置。

7. 躺在垫子上，双手向两侧平行伸展，身体成为一个T字形。双脚不离开地面，弯曲双膝。然后，收紧腹部肌肉，双膝慢慢地向身体左侧倾倒。右膝盖也许能往左边倾

> 我比较胖，也比较不灵活，我从来没有想过我能完成任何瑜伽体式。但是，不知怎么，正念提高了我的自信心。这么多年来，我开始第一次伸展和活动我的身体了。

斜，也许不能。只是做到自己的极限就好。同时，头部转向身体右侧，这样就形成一个柔和的身体扭转。如下图所示。随着每一次呼气，看自己是否能够放松地停留在这个体式，让地心引力自然地加深这个扭转。不需要额外用力。当你准备好的时候，再次收紧腹部肌肉，抬起双膝，朝右侧倒下，同时头部望向左边，感受你的呼吸。自然地让地心引力牵引你的双脚靠向并放在瑜伽垫上，非常自然。几次呼吸之后，收紧腹部肌肉，双膝回正，然后伸展双腿。

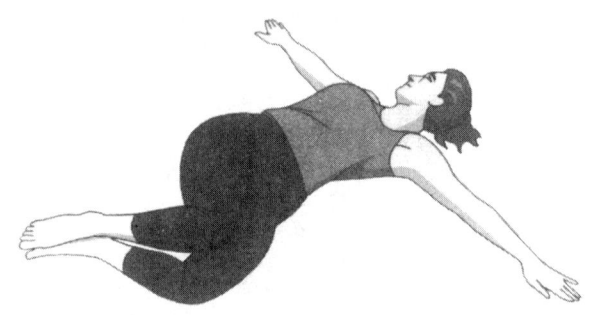

8. 现在，慢慢地站起来，回到山式。做几次深长而有觉知的呼吸，让呼吸回到自然的节奏。当你站着的时候，大约1分钟，感受整个身体的感觉。

9. 随着吸气，双手合十，双手手臂向上举起，手指指向天花板。当你准备好的时候，双手向下合掌于胸前，保持这个体式几个呼吸。现在，放下双手回到山式。

10. 摘水果。左手向上举过头部，右手自然垂落于身体一侧。尽可能地伸展你的左手，好像你要摘一颗够不到的葡萄。加强这个拉伸，踮起右脚，重心在左脚上，感受左侧身体的拉伸，并留意右侧的身体是否也不必要地紧绷起来。当你准备好的时候，缓慢地放下左手，感受手臂落下的感觉。回到山式时，留意你的呼吸。接着，换右手重复上面的动作和过程。

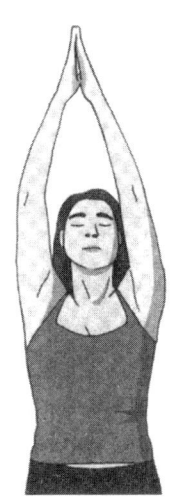

11. 左弯和右弯。现在双手从两侧平行举起到垂直，手臂靠近耳朵，指尖朝向天花板，或手掌相触，感受手臂的拉伸。当你准备好的时候，身体慢慢地向左侧弯曲。从臀部开始侧弯，身体弯到依然可以保持平衡。保持这个姿势，头部在双手臂之间，继续呼吸而不是屏住呼吸，做到自己的极限，不要过度，但是可以感受到一种拉伸感。几次呼吸后，双手回到正中的

位置。往右边弯曲,重复同样的动作和过程。

12. 山式。随着下一次呼气,手臂向下回到山式,平稳地站着。留意做了几次伸展之后,再回到这个体式的感觉。让注意力回到自然的呼吸节奏。

13. 转动肩膀。当你准备好的时候,做几个肩膀转动。首先将肩膀向前推,胸部保持不动,接着向下。现在将肩膀往后,好像两个肩膀在后背要触碰到一样。然后,抬起双肩,几乎可以触碰到耳朵。重复这个过程,循环做几次。接着,向相反的方向,向上、向后、向下和向前。当你觉得足够了,回到山式。

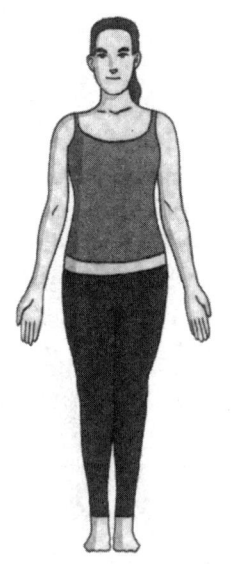

14. 转动头部。头部轻轻地靠向右边,靠头部的重量进行拉伸,右耳向右肩膀靠近。现在,转动头部,下巴向下掉,朝向前胸,感受这股拉伸的力量。接着继续转动,左耳靠近左肩膀。然后再转动回到右边

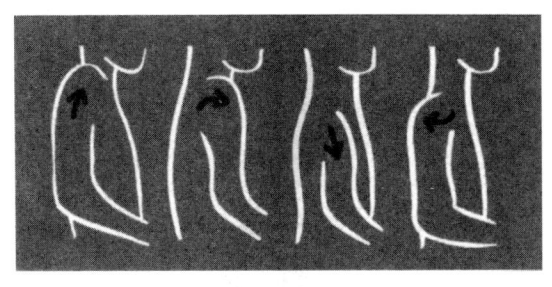

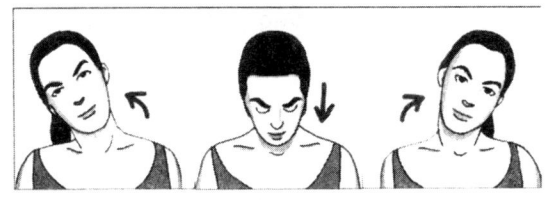

肩膀,让头部的重量控制拉伸的力度。循环做几次,然后换相反方向重复。当你准备好的时候,回到山式。

15. 平衡体式。觉知身体的平衡,双手向两侧平举,与地面平行,手指指尖伸向两侧。也许看向地板或墙上一个点会有助于你的专注。这样站着,身体像个十字。将身体重量放在右脚上,当你移动身体重量时,将左脚慢慢地抬起离开地板。也许左脚会掉下来,也许你找到了一个平衡点保持这个姿势。当你准备好的时候,放下左脚。然后,换另一侧重复这个动作,把身体的重量转移到左脚,并抬起右脚。结束时放下右脚,同时慢慢地放下双手,再次回到山式。

16. 山式。留意身体中可能发生的任何放松。在最后一个体式结束时留意放松的感觉、呼吸速度和深浅的变化,或者任何刺痛发麻的感觉。保持在山式,直到你准备好想要移动的时候。

17. 看向左边和右边。将双手放在臀部两侧,头部望向右边。首先将眼睛望向右边,然后移动下巴朝向右边,做到你可以做的极限。放松肩膀,如果感觉有紧绷感的话。当你准备好的时候,头部回到正中,面向前方。然后,望向左边,重复同样的动作。首先眼睛看向左边,然后移动头部。最后结束,回到正中。

18. 左右扭转身体。现在重复望向左边的动作,手不需要放在臀部。但是当你望向左边最极限的位置时,继续扭转,从臀部开始扭转身体，继续往左扭转膝盖和脚踝。这样你的脖子、头部、臀部、膝盖和脚踝都扭转到左边，尽可能地扭转到你的极限。留意有哪些肌肉被拉伸，哪些没有。探索你的极限，你的底线。当你准备好的时候，身体回到正面位置。然后转动，往右边扭转，尽可能地扭转到最远。然后放松双手，回到山式。

19. 山式。以山式结束这次瑜伽练习。留意此时此刻的感觉。觉知整个身体的感觉，从头顶到脚趾，留意任何温暖或冰凉的感觉。

20. 感谢你为自己付出的时间，这个过程就像一个涟漪，不仅会为今天，也会为你的一生带来积极影响。

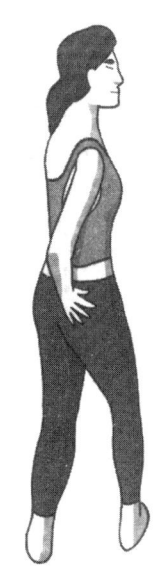

反思

你的正念瑜伽做得如何？觉察到什么特别的念头、感受和身体感觉了吗？如果经常练习，你觉得会带给你什么样的积极作用？在日志上写下你的觉察。

作者简介

沙玛什·阿利迪纳（Shamash Alidina）

著名正念训练导师，英国威尔士班戈大学正念研习中心教授。1998年以来，一直在世界各地进行正念实践。

在攻读东方哲学专业期间，他渐渐掌握了正念的系统理论和知识，并逐步深化了正念的体系和精髓，开始致力于教授正念课程，帮助他人进行正念训练。作为正念训练导师，在正念培训课程的同时，也成功地经营着自己的培训机构，通过线上线下的方式，向大众及训练师、理疗师、临床医生、各大企业机构提供专业的正念培训；还为许多企业家、职业经理人和企业高管开设"企业高管正念训练班"，向各类企业高管讲授如何通过正念减压，提高工作效率，提升员工的心理和健康状态。他在多家媒体开设正念专题讲座，并定期撰写专栏文章。

图书在版编目（CIP）数据

正念减压 / (英) 沙玛什·阿利迪纳著；吴玲芝译.
-- 北京：中国青年出版社，2021.1
ISBN 978-7-5153-6310-3

I.①正… II.①沙…②吴… III.①心理压力-心
理调节-通俗读物 IV.① B842.6-49

中国版本图书馆 CIP 数据核字（2021）第 029517 号

Copyright © 2015 The Guilford Press
A Division of Guilford Publications, Inc.
Published by arrangement with The Guilford Press
中文简体字版权 © 北京中青心文化传媒有限公司 2021

北京市版权局著作权登记号：01-2018-5326

版权所有，翻印必究

正念减压

作　　者：[英] 沙玛什·阿利迪纳
译　　者：吴玲芝
插画作者：quintin
责任编辑：吕　娜

出版发行：中国青年出版社
经　　销：新华书店
印　　刷：三河市万龙印装有限公司
开　　本：787×1092 1/32 开
版　　次：2021 年 4 月北京第 1 版　2021 年 4 月河北第 1 次印刷
印　　张：13
字　　数：300 千字
定　　价：89.00 元
中国青年出版社 网址：www.cyp.com.cn
地　　址：北京市东城区东四 12 条 21 号
电　　话：010-65050585（编辑部）